Luftfahrzeugbau und -Führung

Hand- und Lehrbücher des Gesamtgebietes

In selbständigen Bänden unter Mitwirkung von

R. Basenach †, Ingenieur, Berlin. **A. Baumann**, Ingenieur, Professor für Luftfahrt, Flugtechnik und Kraftfahrzeugbau an der Techn. Hochschule Stuttgart. **P. Béjeuhr**, Ingenieur, Assistent der Aerodynamischen Versuchsanstalt Göttingen. **Dr. A. Berson**, Professor, Berlin. **Dr. G. von dem Borne**, Professor für Luftfahrt an der Techn. Hochschule Breslau. **Dr. F. Brähmer**, Chemiker, Assistent a. d. Kgl. Militärtechn. Akademie Berlin. **G. Christians**, Dipl.-Ingenieur, Rheinau-Baden. **R. Clouth**, Fabrikbesitzer, Paris-Neuilly. **Dr. M. Dieckmann**, 1. Assistent am Physik. Institut der Techn. Hochschule München. **Dr. H. Eckener**, Friedrichshafen a. B. **Dr. Flemming**, Stabsarzt a. d. Kaiser-Wilhelms-Akademie Berlin. **R. Gradenwitz**, Ingenieur, Fabrikbesitzer, Berlin. **J. Hofmann**, Preußischer Regierungsbaumeister, Kaiserlicher Reg.-Rat a. D., Genf. **Dr. W. Kutta**, Professor a. d. Techn. Hochschule Aachen. **Dr. F. Linke**, Dozent für Meteorologie u. Geophysik am Physikal. Verein u. d. Akademie Frankfurt a. M. **Dr. A. Marcuse**, Professor an der Universität Berlin. **Dr. A. Meyer**, Assessor, Frankfurt a. M. **St. v. Nieber**, Exzellenz, Generalleutnant z. D., Berlin. Dr. ing. **E. Roch**, Dipl.-Ingenieur, Berlin. **E. Rumpler**, Ingenieur, Direktor, Berlin. **O. Winkler**, Oberingenieur, Berlin u. a.

herausgegeben von

Georg Paul Neumann

Hauptmann a. D.

VIII. Band

München und **Berlin**

Verlag von R. Oldenbourg

1912

Bau und Betrieb von Prall-Luftschiffen

von

Richard Basenach †
Ingenieur in Berlin

II. Teil:

Allgemeine Darstellung des Entwurfs und der Konstruktion

Mit 80 Textabbildungen

München und **Berlin**
Verlag von R. Oldenbourg
1912

Druck der Königl. Universitätsdruckerei H. Stürtz A.-G., Würzburg.

Vorwort.

Der nunmehr erscheinende 2. Teil von „Bau und Betrieb von Prall-Luftschiffen“ bildet mit seinem Anfangskapitel in der Hauptsache die folgerichtige Fortsetzung der am Schlusse des bereits vorliegenden 1. Teiles aufgenommenen allgemeinen Betrachtungen der Luftwiderstandsvorgänge, an dem in Bewegung befindlichen Luftschiff-Tragkörper.

Hieran schliesst sich die Ermittelung der Hubkraft und die Bestimmung der für die ganze Konstruktion so wichtigen Hauptpunkte des Tragkörpers, des Auftriebs- oder Verdrängungsmittelpunktes und des Tragkörperschwerpunktes. In ziemlich eingehender Weise sind fernerhin die unter den Einflüssen des Gasdruckes und der Belastung während des Betriebes in der Hülle entstehenden Stoffspannungen berücksichtigt worden. Der Vorausbestimmung und Besprechung des Betriebsdruckes sind die Ausführungen in Abschnitt X gewidmet, während in den Abschnitten XI und XII die zur Aufrechterhaltung dieses Betriebsdruckes erforderliche Druckhaltungs- oder Ballonetanlage, ihre Berechnung, Wirkungsweise und konstruktive Ausgestaltung ausführlich dargelegt ist.

Es kann nicht geleugnet werden, dass die Zahl der auf dem Gebiete des Prall-Luftschiffbaues konstruktiv tätigen, oder finanziell interessierten Kräfte bisher nur eine ziemlich beschränkte ist und in Anbetracht der dort vorwaltenden Verhältnisse voraussichtlich auch nicht stark anwachsen wird, während das für das Luftschiff als solches bestehende Allgemeininteresse als rege und weit verbreitet bezeichnet werden muss.

So wendet sich denn auch das vorliegende Bändchen nicht nur ausschliesslich an den Fachmann allein, sondern erblickt neben den darin niedergelegten Anleitungen und Anregungen fachlicher Art, vor allem auch seine Hauptaufgabe in der möglichst eingehenden und weiten Verbreitung der zum Verständnis für das neugeschaffene Fahrzeug wünschenswerten Kenntnisse, ohne weitgehende Voraussetzungen zu stellen an die mathematisch-technische Vorbildung des Lesers.

Möge es daher trotz seines bescheidenen Rahmens in diesem Sinne voll zur Wirkung gelangen und seinen Zweck erfüllen.

Berlin-Zehlendorf im April 1912.

R. Basenach.

Inhalt.

Abschnitt VII.

Form- und Reibungswiderstände an Tragkörpermodellen.

Die besten Tragkörperformen.

Einer der ersten, der sich in fruchtbringender Weise mit der experimentellen Widerstandsbestimmung von Tragkörpermodellen befasste, war bekanntlich Renard, der Erbauer des ersten erfolgreichen Prall-Luftschiffes. Er liess beschwerte Holz- und Ebonitmodelle in ruhendes Wasser fallen und beobachtete die Tiefe ihres Eindringens. Auf diese Weise gelangte er schliesslich zu einer recht brauchbaren Tragkörperform, deren Erzeugende er sich theoretisch zusammengesetzt dachte aus Parabelbogen und die er praktisch verwertete bei seinem Luftschiff „La France."

Bessere und wertvollere Aufschlüsse jedoch hinsichtlich der Formung von Tragkörpern geben die von Prof. Prandtl geleiteten Versuche der Modellversuchsanstalt in Göttingen zur Ermittelung der in strömender Luft sich einstellenden Widerstände an Tragkörpermodellen [1]). Die Versuchsanstalt arbeitete bei dieser Gelegenheit ein Verfahren aus zur Ermittelung des Formwiderstandes, auf Grund dessen sich eine Trennung von

---

[1]) Vergl. auch „Jahrbuch der Motorluftschiff-Studiengesellschaft" Bd. IV. 1910—1911. S. 43, Bericht über die Tätigkeit der Göttinger Modellversuchsanstalt v. Prof. Prandtl, sowie ferner in Zeitschrift für Flugtechnik und Motorluftschiffahrt, 1910, S. 61, 73, 157 und 1911, Heft 13.

Form- und Reibungswiderstand und die zur Erreichung eines Mindestmasses von Gesamtwiderstand erforderliche Bemessung dieser Widerstände durchführen liesse.

Das Verfahren stützt sich auf die bereits angeführte Ermittelung der, durch die strömende Luft auf der Oberfläche des Tragkörpermodells bewirkten Druckunterschiede. Zu diesem Zweck wurden zunächst kupferne Tragkörpermodelle hergestellt und in der in Abbildung 1 gezeichneten Weise, längs zweier gegenüberliegender Meridianlinien mit zahlreichen feinen Bohrungen versehen, die zur Messung der an diesen Stellen herrschenden Drucke dienten.

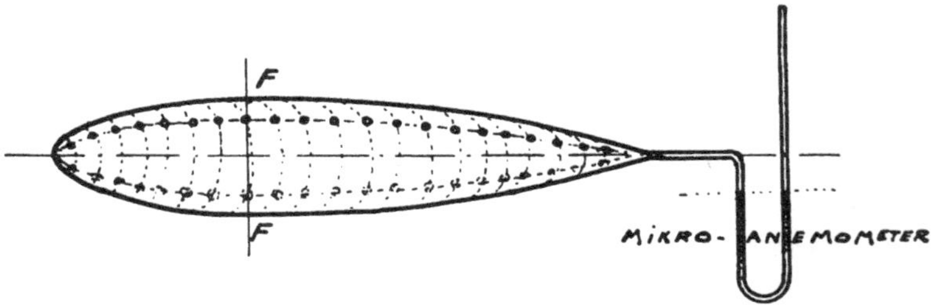

Abb. 1.

Durch Verkleben sämtlicher Bohrungen, bis auf die an der zu messenden Stelle befindlichen, stellte man bei angestelltem Luftstrom im Inneren dieser Modelle Drucke her, die übereinstimmten mit den an den offenen Bohrungen auftretenden Oberflächendrucken. Ein mit dem Hohlraum des Versuchskörpers verbundenes Mikroanemometer gestattete dann die Ablesung der gemessenen Drucke. Auf diese Weise gelangte man schliesslich durch abwechselndes Öffnen und Schliessen der angeordneten Bohrungen, unter Ausführung der entsprechenden Druckmessungen zur Kenntnis der über das ganze Modell hinweg herrschenden Druckverteilung.

Aus dieser Druckverteilung lässt sich dann sowohl der Druckwiderstand, wie auch der Saugwiderstand und damit die Grösse des Formwiderstandes als die Resultante sämtlicher Druck- und Saugkräfte berechnen. Interessant ist fernerhin bei diesen Versuchen, dass auch die Gestalt der Versuchsmodelle rechnerisch ermittelt werden konnte durch ein Verfahren, das auf die Ermittelung der Strömungsverhältnisse und insbesondere auch auf die der Druckverteilung hinauslief, unter Annahme einer reibungslosen Flüssigkeit, wobei es sich zeigte, dass die hydrodynamisch berechneten Widerstände dieser Modelle mit den gemessenen ziemlich gut übereinstimmten.

Zieht man von dem, durch direkte Messung am Modell praktisch ermittelten Gesamtwiderstand den berechneten Formwiderstand ab, so erhält man den Reibungswiderstand des Modells.

Der von Prof. Prandtl beschriebenen Versuchsanordnung entsprechend, waren die Versuchsmodelle in einem Luftkanal aufgehängt und standen durch die Drähte und Hebel der Aufhängung mit Wagen in Verbindung, welche es gestatteten, die durch den Luftstrom erzeugten Widerstände zu ermitteln. Der quadratische Querschnitt des Kanals betrug 2×2 m und die Geschwindigkeit des ihn durchziehenden, gleichmässigen und in der Mitte auch wirbelfreien Luftstromes konnte bis auf 10 m/sec gesteigert werden. Zu den Versuchen wurden Modelle benützt mit zylinderförmigen Mittelteil und verschiedenartigen Bug- und Heckzuspitzungen, wie sie bei den Luftschiffen von Zeppelin, Parseval und denen des Luftschifferbataillons etc. verwandt worden sind. Fernerhin wurden auch Formen untersucht, deren Längsschnitt oder Meridianlinie eine von vorn nach hinten durchlaufende, verschiedenartig gekrümmte Kurve war.

Von diesen Formen besassen die letzterwähnten die geringeren, die Formen mit dem zylinderförmigem Mittelteil dagegen die grösseren Gesamtwiderstände und dies wohl aus dem Grunde, weil sie statt der zylindrischen Mittelstücke sanfte und allmähliche Querschnittsübergänge besitzen. All zu rasch vor sich gehende Querschnittsänderungen heben die sanfte Leitung der an- und abströmenden Luftmassen auf und vergrösssern den Widerstand. Sie sind daher, soweit tunlich, zu vermeiden. Die nach den beiden Enden hin auftretenden Querschnittsverjüngungen, auf die Einheit der Längsachse bezogen, sind bei zweckmässig geformten Tragkörpern nach vorn hin grösser wie nach hinten.

In der Abbildung 2 sind die Modellformen dargestellt, welche sich bei den Messungen als die günstigsten erwiesen haben.

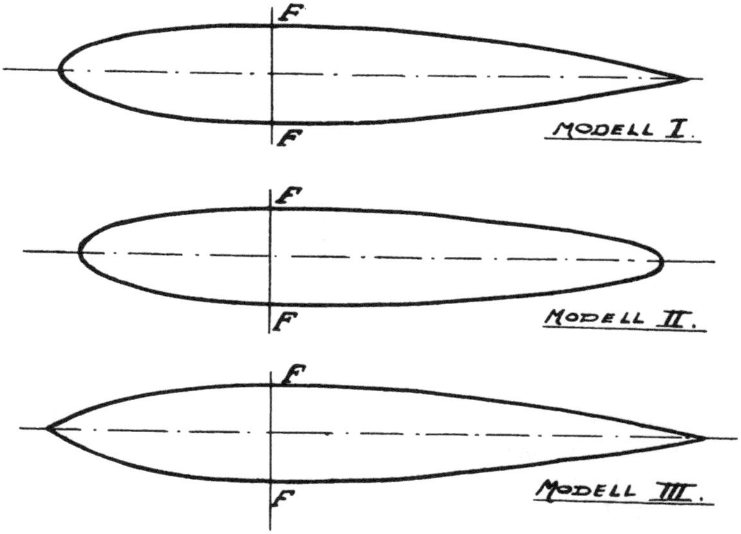

Abb. 2.

Modell I stellt von den abgebildeten drei Formen, hinsichtlich des Gesamtwiderstandes die günstigste Form vor, dann folgen die Modelle II und III als die weniger günstigen.

Wurden die Modelle im Versuchskanal umgedreht und mit dem hinteren Ende voraus dem Luftstrom ausgesetzt, so erhöhten sich ihre Widerstände, den Angaben zufolge, bis zum 1,9fachen der in der ursprünglichen Anordnung gemessenen Widerstände.

Dementsprechend muss, wie bereits angedeutet, geschlossen werden, dass der grösste Querschnitt auf jeden Fall nicht hinter sondern vor der Mitte der Längsachse des Tragkörpers anzuordnen ist. In den Modellen I bis III befindet sich der Hauptquerschnitt ungefähr am Ende des ersten Drittels der Längsachse.

Andere Forscher sind hinsichtlich der besten Anordnung des Hauptquerschnittes zu Formen gelangt, die von den besprochenen etwas abweichen. Thomson hält zwar eine, der als Modell I bezeichneten ähnliche Form für die beste, verlegt aber den Hauptquerschnitt in derselben etwas weiter nach rückwärts, in ungefähr 0,45 der Gesamtlänge von vorn gemessen. Abbildung 3. Demgegenüber erklären Andere, Formen mit

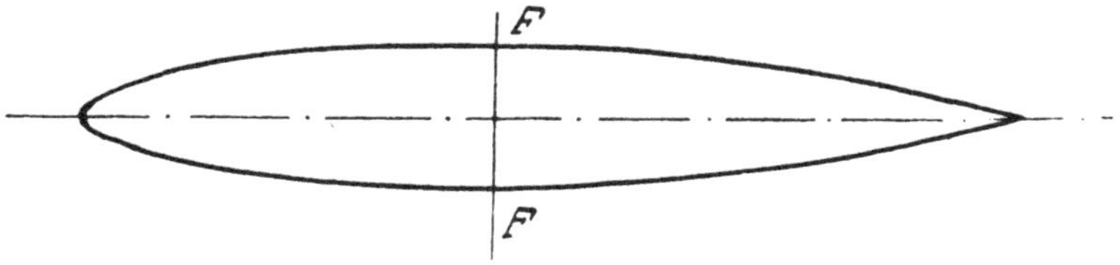

Abb. 3.

weit nach vorn gezogenem Hauptquerschnitt für die besten. Abbildung 4.

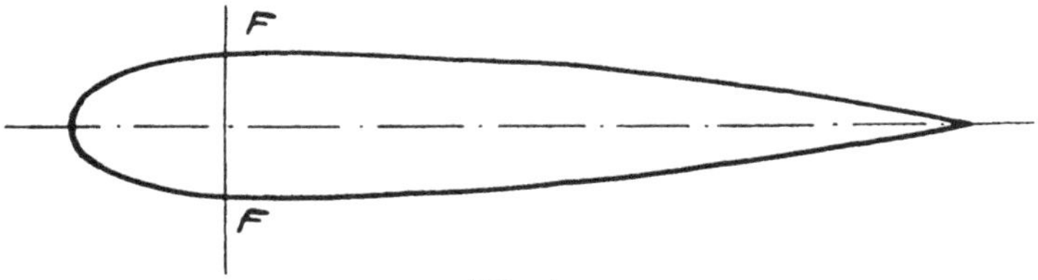

Abb. 4.

Nach den von Bairstow beschriebenen Versuchen des englischen „National Physical Laboratory“ [1]), welche mit kleinen Tragkörpermodellen von 1 Zoll (25,4 mm) Hauptdurchmesser und ungefähr 6 Zoll Länge, bei sehr geringen Stromgeschwindigkeiten (1,78 Zoll/sec) im Wasserkanal der Anstalt vorgenommen wurden, ergaben die in Abbildung 5, I÷V dargestellten Formen sehr geringe Widerstände.

Die abgebildeten Erzeugenden sind, mit Ausnahme der äussersten Endzuspitzungen, gezeichnet nach der Gleichung

1) Vergl. Technical Report of the Advisory Committee for Aeronautics, for the year 1910—1911. Published by His Majesty's Stationary Office, London 1911.

$$y = {}^{1}/_{2} \left(\frac{m+1}{b}\right)^{m+1} \left(\frac{x}{m}\right)^{m} (b - x).$$

Das erforderliche Koordinatensystem geht aus von der vorderen Spitze als Ursprung und hat die Längsachse des Modells zur x Achse. Die Länge des Modells ist mit b bezeichnet (6 Zoll).

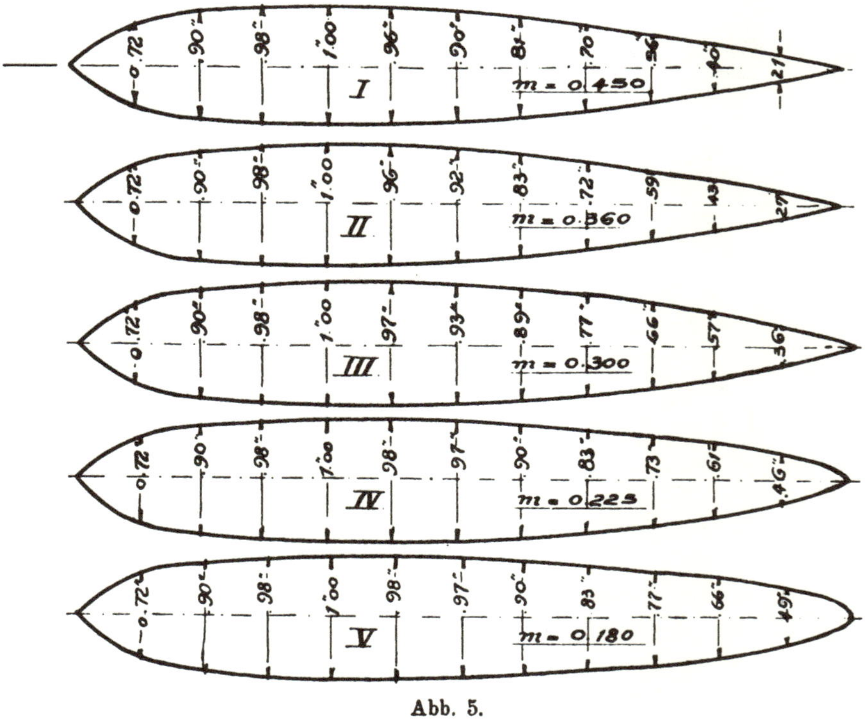

Abb. 5.

Die auf diese Weise erhaltenen Formen sind den von der Göttinger Modellversuchsanstalt entworfenen sehr ähnlich. Der Hauptquerschnitt liegt bei allen in ungefähr $^1/_3$ der Gesamtlänge, von vorn gemessen. Die Kopfkurven sämtlicher Erzeugenden sind gezeichnet für einen Wert von m = 0,450, für den Entwurf der Heckkurven sind die betreffenden Werte von m in der Abbildung angegeben. Setzt man den Widerstand der erstgezeichneten Form gleich 1, so sind für die übrigen Formen II ÷ V, der Reihe nach, vergleichsweise die Widerstände 0,993, 1,000, 1,041 und 1,128. Es erweisen sich mithin, hinsichtlich des Luftwiderstandes, die Formen I und III als die günstigsten.

Weniger günstig stellen sich jedoch derart schlanke Formen hinsichtlich ihrer Tragfähigkeit oder Hubkraft. Bezeichnet man diese für die Form I wiederum mit 1, so ergeben sich für die übrigen Formen II ÷ V, der Reihe nach Tragfähigkeiten von 0,988, 0,974, 0,959 und 0,946, was für die Form I, der Form V gegenüber eine Verminderung an Tragfähigkeit von ungefähr $5\frac{1}{2}$ % ausmacht.

In der Regel wird eine geringe Verschiebung des, am besten in der Nähe des ersten Drittels der Längsachse anzuordnenden Hauptquerschnittes am Gesamtwiderstand des Tragkörpers wenig ändern. Fernerhin ist, im Hinblick auf die verschiedenartigen Versuchsresultate zu betonen, dass neben der durch die Rücksichtnahme auf den Gesamtwiderstand anzustrebenden Formgebung, natürlich auch das Tragvermögen und die durch die Lastübertragung gegebenen Verhältnisse zu berücksichtigen sind. Diese erfordern aber in vielen Fällen, ein sich der zylindrischen Form annäherndes Mittelstück des Tragkörpers, bei nicht allzugrosser Streckung. Ferner ist die Tatsache zu berücksichtigen, dass ein grosser Teil, des bei einem Luftschiff auftretenden Fahrwiderstandes zu suchen ist in den, durch die Takelung und andere vorstehende Teile verursachten kleinen aber zahlreichen Teilwiderständen und, dass diese naturgemäss in der Zone am stärksten auftreten, in welcher die Verästelung am grössten ist, in der Nähe des Tragkörpers. Der beste Beleg hierfür ergibt sich aus dem Vergleich, der für die verschiedenen Tragkörperformen, für eine gewisse Geschwindigkeit notwendigen Aufwände von Motorkraft pro Einheit der Fläche des Hauptquerschnitts. Dieser Aufwand ist bei den starren Schiffen Zeppelins z. B., trotz deren Länge und der nicht gerade günstigen Form immerhin kleiner als bei den Prall-Luftschiffen, da die ersteren keine wesentliche Takelung besitzen.

Der für das Modell I der Abbildung 2 errechnete Formwiderstand wird angegeben zu $^1/_{32}$ des Widerstandes einer Kugel vom gleichen Inhalt, der Gesamtwiderstand zu $^1/_{21}$ des Widerstandes derselben Kugel. Auf den Hauptquerschnitt bezogen, können die Formwiderstände der Modelle I bis III bei 10 m/sec Luftgeschwindigkeit zu etwa $^1/_{25}$ bis $^1/_{30}$ der Stirnwiderstände ihrer Hauptquerschnitte gesetzt werden; sie sind also verhältnismässig gering.

Zu beachten ist bei dieser Betrachtung jedoch, dass die Widerstandsverhältnisse bei diesen, mit metallener und glatter Oberfläche versehenen kleinen Modellen von 1 m Länge natürlich nicht einfach auf die grossen baumwollenen Tragkörper übertragen werden können, die vor allem auch eine höhere Oberflächenreibung besitzen. Die allgemeine Bauform jedoch, welche diese Modelle aufweisen, ist in jeder Beziehung übertragbar und auch schon, z. B. bei den verschiedenen Schiffen der Motorluftschiff-Gesellschaft in Bitterfeld (Parseval-Bauart etc.) mit Erfolg praktisch verwandt worden.

Den bisher besprochenen Messungen lagen Luftgeschwindigkeiten zugrunde bis zu 10 m/sec. Bei Erhöhung dieser Geschwindigkeit auf die von Prall-Luftschiffen erzielten Höchstgeschwindigkeiten von etwa 19 m/sec würde sich der Form-, wie auch der Reibungswiderstand nicht nur entsprechend vergrössern, sondern sie würden sich auch in der Grösse ihrer Anteilnahme an der Bildung des Gesamtwiderstandes einander gegenüber ändern.

Setzt man, was sehr zweckmässig erscheint, die errechneten Formwiderstände in Beziehung zum Inhalt V des sie erzeugenden Tragkörpers, so ergibt sich hieraus auf ganz natürliche Weise die Beurteilung der, für den Inhalt gewählten Form hinsichtlich ihres Formwiderstandes. Bei geometrisch ähnlichen Körpern verhalten sich die Formwiderstände wie die dargebotenen Flächen. Diese aber verhalten sich für die verschiedenen Körperinhalte V wie $V^{2/3}$ [1]). Es lässt sich nach Prandtl

[1]) Vergl. hierzu „Bemerkungen über Dimensionen und Luftwiderstandsformeln“, von Prof. Prandtl in Zeitschrift für Flugtechnik u. Motorluftschiffahrt, 1910, S. 157.

daher der Formwiderstand w_f auch durch folgende Formel ausdrücken:

$$w_f = V^{2/3}\, v^2 \frac{\gamma}{g} \cdot \xi_f.$$

ξ_f ist ein für die Beurteilung der Güte der Form in Betracht kommender, nicht aber von der Grösse des Tragkörpers abhängiger Zahlenfaktor. Die für die drei Modelle der Abb. 2 gefundenen Zahlenwerte der Faktoren ξ werden angegeben zu 0,00816 für Modell I, 0,00853 für Modell II und zu 0,00927 für Modell III.

Diese Zahlen sind für die Beurteilung der Formgüte von Modell I bis III massgebend und legen für sie die Formwiderstände fest.

Da Modell I und Modell II bis auf die Zuspitzung des hinteren Teils nahezu gleich sind, so ist der grössere Formwiderstand von Modell II, wie auch die an anderer Stelle abgebildete Druckkurve nahelegt, in seinem Hauptteil dem Einfluss des abgestumpften Heckteiles zuzuschreiben. Der verzögernde Einfluss derartiger Heckabstumpfungen, die hinsichtlich der Formwahrung jedoch auch wieder ihr Gutes haben, erscheint deutlich gekennzeichnet und ist durch die infolge der plötzlichen Querschnittsverkleinerung hervorgerufene Wirbelbildung zu erklären. Diese Wirbelbildung ist natürlich umso stärker, je grösser die Geschwindigkeit ist. Abgestumpfte Heckpartien sind daher bei schnellfahrenden Tragkörpern tunlichst zu vermeiden.

Anders verhält sich die im Heckteil dem Modell I gleichartige Tragkörperform von Modell III der ersten Form gegenüber. Hier tritt infolge der vorderen, zu stark ausgezogenen Zuspitzung, welche offensichtlich den Zweck verfolgt, die anströmenden Luftmassen zu zerteilen, eine Erhöhung des Widerstandes auf. Das ist ein Beweis dafür, dass derartige Zuspitzungen am vorderen Teil der Tragkörper nicht immer günstig wirken. Es scheint sogar der negative Einfluss dieser Zuspitzung bei Modell III, in gewisser Hinsicht selbst den der etwas geringeren Streckung bei Modell II noch zu überwiegen.

Für den Reibungswiderstand geht hervor aus den besprochenen Messungen, dass er bei unvollkommen gearbeiteten Modellen in der 1,7. bis 1,8. Potenz steht zur Geschwindigkeit, bei den besten Modellen jedoch, also bei solchen mit schlankem Heckteil und sanfter Bugrundung proportional ist der 1,5. Potenz der Geschwindigkeit. Man sieht also, dass Tragkörpermodelle, die hinsichtlich ihres Formwiderstandes als günstig gearbeitet zu betrachten sind, im allgemeinen und bis zu einem gewissen Grade der Streckung auch einen geringen Reibungswiderstand aufweisen. Bei grösser werdender Streckung nimmt, trotz des relativ abnehmenden Formwiderstandes der Reibungswiderstand zu. Diese Zunahme des Reibungswiderstandes jedoch, ist bei den für Prall-Luftschiffe brauchbaren Tragkörperformen, infolge des geringen Reibungsanteils in der Widerstandsbildung überhaupt eine weit geringere, wie die hierdurch herbeigeführte Verkleinerung des Formwiderstandes. Infolgedessen ist bei volumgleichen Tragkörpern von grosser Streckung der Gesamtwiderstand kleiner, als bei solchen von kleiner Streckung. Wie gross mit Rücksicht auf das günstigste Verhältnis der beiden Widerstandsarten die Streckung der Tragkörper von Prall-Luftschiffen zu wählen ist, dürfte heute noch nicht endgültig feststehen. Sie scheint jedoch, rein für die Widerstandsverhältnisse des Tragkörpers betrachtet, weit über der Grenze der erreichbaren Streckungsverhältnisse zu liegen.

Aus den mit langgestreckten grossen Prall-Luftschiffen gemachten Erfahrungen scheint indessen hervorzugehen, dass sie mit Vorteil nicht so weit zu treiben ist wie bei starren Luftschiffen; dies vor allem, mit Rücksicht auf die, durch die Aufhängung der Last und die Takelung erzeugten zahlreichen Teilwiderstände.

Die hinsichtlich des Formwiderstandes am Modell gemachten Erfahrungen lassen sich ohne weiteres auch auf die grossen Tragkörper übertragen, während dies für den Reibungswiderstand nicht in dem Masse der Fall ist. Für den Reibungswiderstand, bezogen auf den Tragkörperinhalt V gibt Prof. Prandtl folgende Formel an:

$$w_r = \sqrt{V \cdot v^3 \cdot \nu \cdot \frac{\gamma}{g}} \cdot \xi_r.$$

In dieser Formel bedeutet ξ_r einen für die Form und Beschaffenheit der Oberfläche (Rauhigkeitsgrad) charakteristischen Zahlenfaktor, während ν das kinetische Zähigkeitsmass für Luft von mittlerer Temperatur und Dichte zu 0,000014 qm/sec vorstellt.

Für die drei Modelle hat ξ_r die Werte

2,1 für Modell I, 2,55 für Modell II und 1,8 für Modell III.

Aus diesen Angaben geht deutlich hervor, dass für die stark abgestumpfte Heckform von Modell II auch der Reibungswiderstand grösser wird.

Für den Gesamtwiderstand geht aus den besprochenen Untersuchungen hervor, dass, infolge des Verhaltens des Reibungswiderstandes, das quadratische Widerstandsgesetz auch für Luftschiffe, genau genommen nicht zulässig ist. Es wird daher auch gelegentlich in der von Prof. Prandtl angegebenen Form geschrieben zu

$$W = V^{2/3} v^2 \frac{\gamma}{g} \cdot \xi_g.$$

Die vorliegenden Modelle (0,0182 Raummeter) ergaben bei 10 m/sec Luftgeschwindigkeit für ξ_g die Werte 0,0130 für Modell I, 0,0144 für Modell II und 0,0134 für Modell III. Durch diese Widerstandsziffern ist Modell I als das günstigste, Modell II aber als das ungünstigste gekennzeichnet.

Aus all diesen Betrachtungen geht die Zweckmässigkeit schlanker Tragkörperformen hervor, mit den entsprechenden Verjüngungen an Bug nnd Heck, besonders für solche Tragkörper, die sich für hohe Geschwindigkeit eignen sollen. Die mehr oder minder scharf durchgeführte vordere Zuspitzung hat den Zweck, die Trennung der anströmenden Luftmassen einzuleiten, ihrer Bewegung die erwünschte Richtung zu geben und dadurch den Stirnwiderstand zu erniedrigen. Von diesem Bestreben geleitet, versah man die Tragkörper daher oft mit zu lang ausgezogenen, konvex profilierten Spitzen, gelegentlich sogar mit solchen konkaver Leibung. (Abbildung 6).

Hierdurch vergrösserte man den Reibungswiderstand, sowie auch das tote Gewicht des Tragkörpers, da allzu schlank gehaltene Zuspitzungen bei einem gewissen Stoffgewicht nur noch einen geringen, oder gar keinen Tragwert mehr besitzen. Infolgedessen neigen derart schlanke Zuspitzungen, besonders unter der Einwirkung des sich bei der Fahrt einstellenden Spitzen-

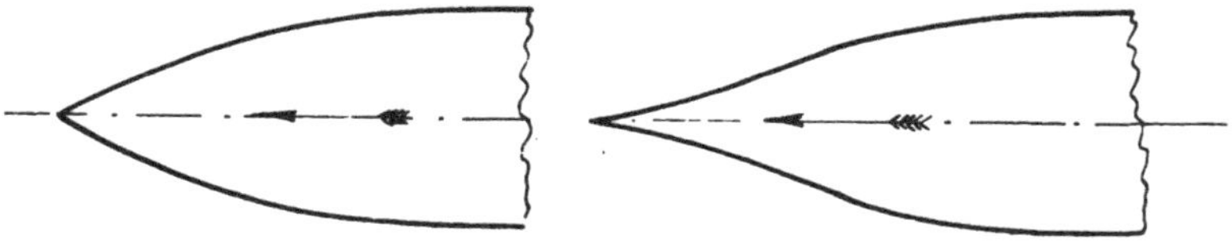

Abb 6.

druckes und der durch die anströmenden Luftmassen verursachten Oberflächenreibung leichter zu Formänderungen, in der Gestalt von Einbeulungen oder Einknickungen. Diese Erscheinung macht sich gelegentlich, besondres bei geringen Innendrucken bemerklich, oder wenn der Tragkörper in starker Schräglage sich fortbewegt und der äussere Spitzendruck infolgedessen etwas einseitig angreift. Auch ist die Einwirkung starker Zuspitzung des Vorderteils auf den Gleichgewichtszustand während der Fahrt und den ruhigen Gang des Fahrzeugs, besonders bei hoher Geschwindigkeit nicht gerade günstig. Neuerdings hat sich daher mit Rücksicht hierauf die Erkenntnis Bahn gebrochen, dass der sich während der Fahrt am vorderen Ende einstellende Stau mit weniger Unzuträglichkeiten verbunden ist, als eine zu scharf gehaltene Zuspitzung. Man wählt dementsprechend statt der scharfen Spitze eine mehr oder minder stark gekrümmte, paraboloide oder ellipsoidale Abstumpfung des Vorderteils. (Abbildung 7.)

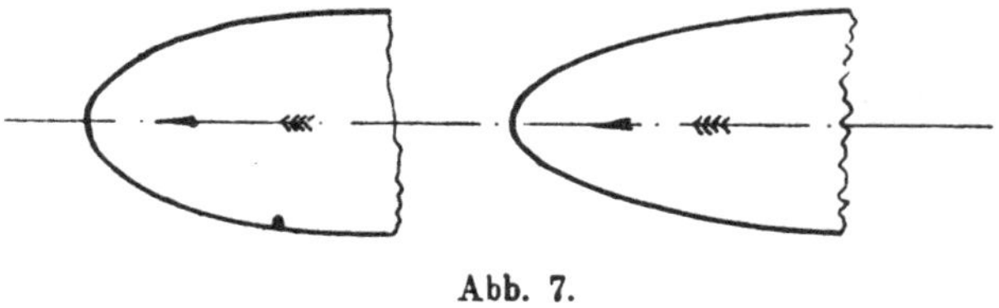

Abb. 7.

Die Anordnung der hinteren Zuspitzung gibt den vom Hauptquerschnitt abströmenden Luftmassen eine gewisse Leitung bis zur vollständigen Vereinigung, verhindert eine starke Wirbelbildung und verkleinert dadurch den Saugwiderstand. Da aber der Saugwiderstand an der Bildung des Gesamtwiderstandes in der Regel in weit stärkerem Masse beteiligt ist wie der Stirnwiderstand, so wird man ihn durch eine weit getriebene Ausspitzung möglichst zu vermeiden suchen. Auch hier wird die soeben besprochene geringe Tragkraft langer Spitzen und die damit verbundene Schwierigkeit hinsichtlich der Formhaltung bei sinkendem Innendruck, eine gewisse Beschränkung auferlegen. Das infolge starker Druckabnahme gelegentlich auftretende Einknicken und Absinken der durch die Dämpfungsflossen bis zu einem gewissen Grade mitbelasteten, wenig tragfähigen Heckzuspitzung auf das Seitensteuer z. B. kann zu bedenklichen Störungen führen in der Lenkbarkeit.

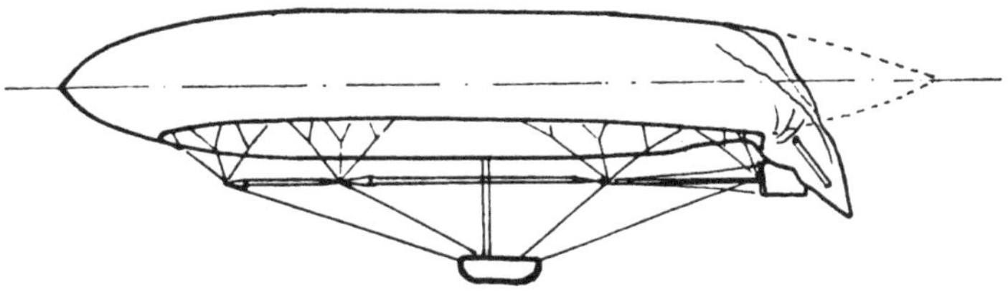

Abb. 8.

Ein charakteristisches Beispiel für ein derartiges Absinken der Heckzuspitzung auf das Seitensteuer und die dadurch aufgehobene Lenkbarkeit in der Horizontalen, bietet der Unfall des Militärluftschiffes M I vom Sommer 1908 über dem Grunewald. Das Schiff war durch einen stark aufsteigenden Luftstrom bis zu einer Höhe von etwa 1700 m emporgerissen worden und hatte dadurch viel Gas verloren. Infolgedessen entstand eine starke Verminderung des Innendruckes und es kam die bereits erwähnte Heckknickung zur Ausbildung. (Abbildung 8.)

Von dem Bestreben ausgehend, eine möglichst grosse Tragfähigkeit des Hecks zu erzielen, haben die Erbauer der Luftschiffe Patrie, Republique, Liberté etc. (Lebaudy-Juillot) ihre, durch die weit rückwärts geschobenen und verhältnismässig schweren Dämpfungsflossen belastete Heckpartie sehr stumpf gehalten. (Abbildung 9.)

Eine ähnliche Wirkung suchen die Erbauer der Ville de Paris- und Clement-Bayardschiffe (Deutsch de la Meurthe-Kapferer

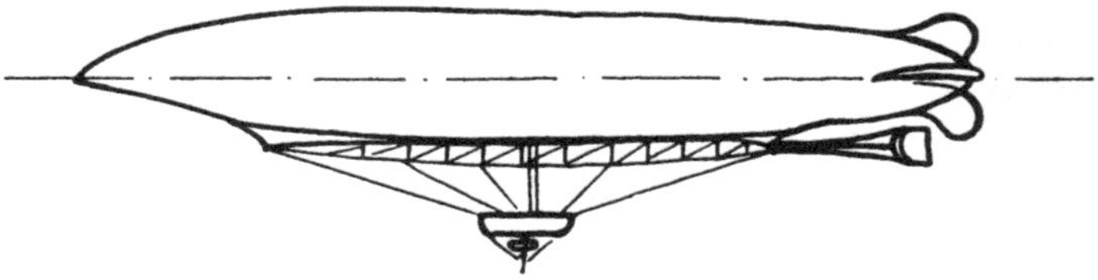

Abb. 9.

und Astrawerke) dadurch zu erreichen, dass sie die Dämpfungsflossen, ballonartig aufgebläht an das Heck ansetzen und mit dem Innendruck des Tragkörpers in Verbindung bringen, wodurch allerdings eine gewisse Entlastung des Hecks herbeigeführt, aber auch der Luftwiderstand erhöht und die Seitenwendigkeit beeinträchtigt wird. (Abbildungen 10 und 11.)

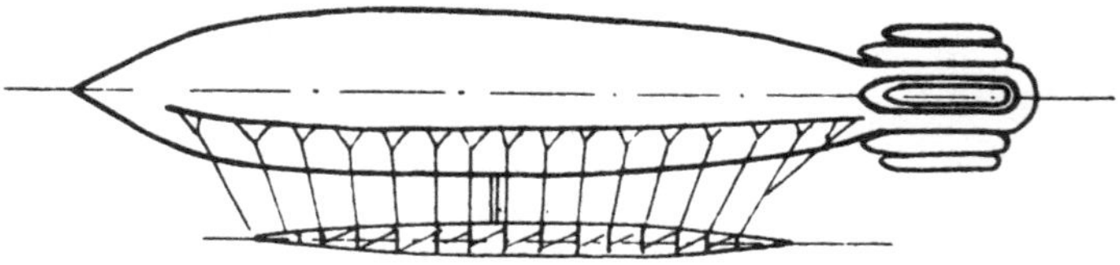

Abb. 10.

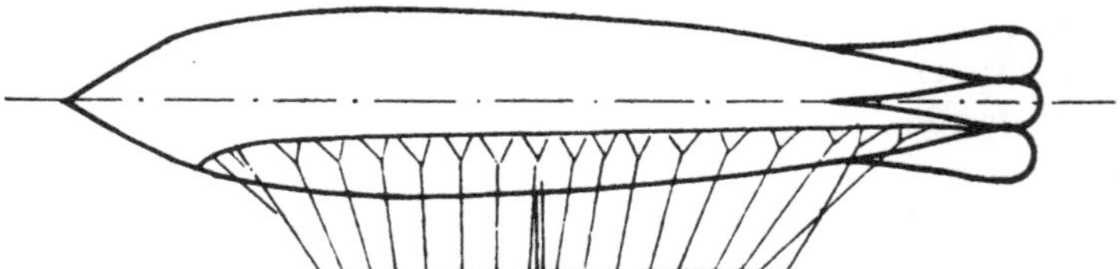

Abb. 11.

Derartige Ausbildungen des Heckteils dürften daher kaum zu empfehlen sein und, abgesehen von dem durch sie etwa gebotenen Schutz gegen die Verletzung der Hülle von seiten fester Flossenteile, auch nur in sehr bedingter Weise eine wirksame Entlastung des Hecks bewirken.

Der Mittelteil des Tragkörpers endlich wird zur Erzielung einer möglichst guten Tragkraft zylindrich zu halten sein, besonders bei grossen Schiffen mit langgezogenem Tragkörper, wie das z. B. beim dreigondeligen unstarren Luftschiff von Siemens-Schuckert[1]) und bei dem mit zwei Gondeln ausgerüsteten halb-

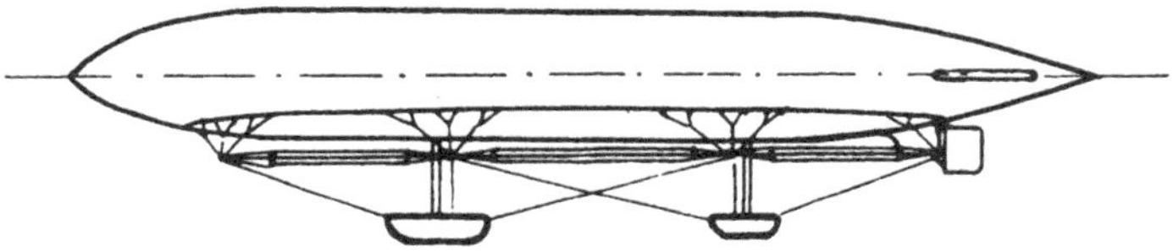

Abb. 12.

starren Militärluftschiff M IV durchgeführt ist. (Abbildung 12.)

Bei kleinen Luftschiffen verwendet man Tragkörper, bei denen die Bug- und Heckkurve der Erzeugenden, über die Mitte hinweg eine durchlaufende, einheitliche Kurve bildet, wodurch das bereits erwähnte Mindestmass an Luftwiderstand

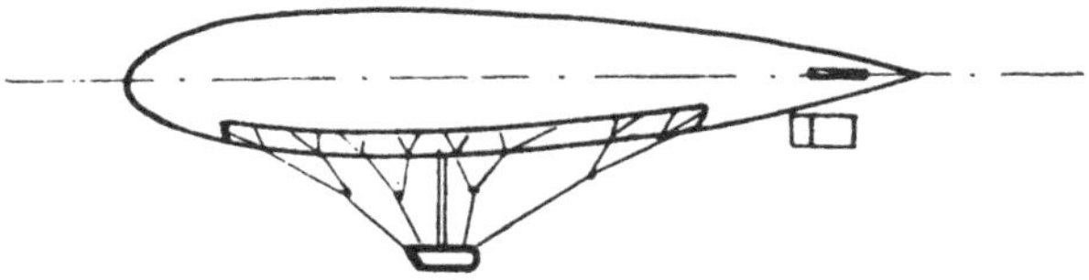

Abb. 13.

erreicht wird. Als Beispiele hierfür sind zu nennen die Parsevalschiffe mit der neuen Bauform des Tragkörpers, sowie die kleinen Sportschiffe der Parsevalbauform. (Abbildung 13.)

Der Fahrwiderstand des Luftschiffes.

Ein durchgebildetes Verfahren zur streng theoretischen Ableitung der, hinsichtlich des Mindestwiderstandes für den Tragkörper, oder gar für die Gesamtkonstruktion eines Prall-Luftschiffes erforderlichen Formgrundlagen besteht bislang noch

[1]) „Das Luftschiff der Siemens-Schuckertwerke und seine Halle“, von O. Krell, in Zeitschrift für Flugtechnik und Motorluftschiffahrt, Jahrgang 1911, S. 61.

nicht und darf auch in naher Zukunft wohl kaum erwartet werden. Die theoretische Vorausbestimmung des Gesamtwiderstandes aus den Teilwiderständen der einzelnen Bauteile heraus, ist ein vorläufig noch ziemlich unsicheres Verfahren, weil von den erforderlichen Widerstandsziffern noch zu wenig bekannt ist und die einzelnen Bauteile sich gegenseitig ziemlich stark beeinflussen durch Änderung der Luftströmungsverhältnisse.

Hinsichtlich der Zusammensetzung des Schiffswiderstandes aus dem Widerstand des Tragkörpers einerseits und dem der getragenen Teile wie Takelung, Steuerungsvorrichtungen, Gondel und Gestänge ist hinzuweisen auf den, im Verhältnis zum Widerstand des Tragkörpers hohen Widerstand der bezeichneten Konstruktionsteile. Die hierfür mit in Betracht zu ziehenden Widerstände der Verseilung (Takelung) und des Gestänges haben hohe Widerstandsziffern, die für senkrechten Hang zwischen 0,45 und 0,60 liegen[1]).

Ein Urteil darüber, wie sich der Tragkörperwiderstand einer ins Auge gefassten Bauform verhält, zum Widerstand des getragenen Systems ist natürlich wertlos, so lange keine praktischen Versuche hierüber angestellt sind. Derartige Versuche aber sind praktisch nur schwer oder gar nicht ausführbar.

Man hat sich daher bis jetzt begnügt mit der Feststellung des Schiffswiderstandes durch Fahrversuche z. B.[2]), oder dadurch, dass man den Schraubenschub an einer zu diesem Zweck eingerichteten Kraftmessungsvorrichtung ablesen konnte.

Schreibt man den Schiffswiderstand W und seine Komponenten, den Form- und den Reibungswiderstand w_f und w_r in der bekannten Schreibweise des quadratischen Widerstandsgesetzes, entsprechend der Form

$$W = F v^2 \cdot \frac{\gamma}{g} \cdot K$$

---

[1]) „Bestimmung des Widerstandes von Drähten und Seilen“ von Dr. O. Föppl in Zeitschrift für Flugtechnik und Motorluftschiffahrt, 1910, S. 195.

[2]) „Die Bestimmung des Schiffswiderstandes durch den Fahrversuch“, von Soden und Dornier in Zeitschrift für Flugtechnik und Motorluftschiffahrt, 1911, S. 245.

und betrachtet man den Schiffswiderstand als die Summe seines Form- und Reibungswiderstandes, so ist

$$W = w_f + w_r = F v^2 \frac{\gamma}{g} k_f + O v^2 \frac{\gamma}{g} k_r$$

$$= v^2 (F . k_f + O . k_r) \frac{\gamma}{g}.$$

Damit wird die zu seiner Überwindung erforderliche Schraubenleistung

$$S . v = W . v = v^3 (F . k_f + O . k_r) \frac{\gamma}{g}$$

worin S der Schraubenschub, v die Geschwindigkeit, in m/sec, F der Hauptquerschnitt des Tragkörpers in qm, O die Oberfläche desselben in qm, k_f der Formfaktor und k_r der Reibungskoeffizient ist. Diese Gleichung zeigt, dass es für jede Tragkörpergrösse und Geschwindigkeit ein bestimmtes Verhältnis gibt zwischen Oberfläche und Inhalt, welches die Schraubenleistung und damit auch die Motorleistung auf ein Mindestmass herabmindert. Die Auffindung der entsprechenden günstigsten Profilgebung des Tragkörpers scheint aber, mit Rücksicht auf die berührte Widerstandswirkung der getragenen Teile, doch nicht den ihr öfters zugesprochenen praktischen Wert zu besitzen.

Von praktischem Wert ist hauptsächlich nur der Gesamtwiderstand des Luftschiffes vorliegender Bauart und Grösse und der kann, wie bereits angedeutet, nur ermittelt werden durch den Versuch am fertiggestellten Fahrzeug.

Möglichst gut gewählte Form für den Tragkörper und die übrigen Bauteile, weitgehendste Vermeidung aller nicht unbedingt erforderlichen Vorsprünge und Gliederungen, Vereinfachung von Aufhängung und Betriebsanlage sind die Vorbedingungen zur Erreichung des angestrebten Mindestwiderstands.

Abschnitt VIII.

Die Konstruktion der Tragkörperform.

Die Form des Tragkörpers kann man sich zusammengesetzt denken aus zwei oder mehreren, durch Umdrehung der Erzeugenden um ihre grossen Achsen entstandenen Ellipsoiden.

Die erzeugenden Ellipsen sind so zu zeichnen, dass sie sich im Längsschnitt des Tragkörpers, mit grösser werdendem Achsenverhältnis $\frac{a}{b}$ allmählich verflachen. Die grossen Achsen (2a) liegen in einer Geraden, die kleinen Achsen (2b) dagegen sind so gegeneinander zu verschieben, dass die zugehörigen Ellipsen durch tangierende Schmiegungskurven zu einer einheitlichen stetig verlaufenden Kurve verbunden werden können.

In der Abbildung 14 sind die auf diese Weise entstehenden Erzeugenden zu ellipsoidalen Tragkörperformen verzeichnet für die Streckungsverhältnisse $^1/_5$ und $^1/_6$, wie sie für Luftschiffe von 1500 bis 6000 Raummeter Gasinhalt etwa zu wählen sind.

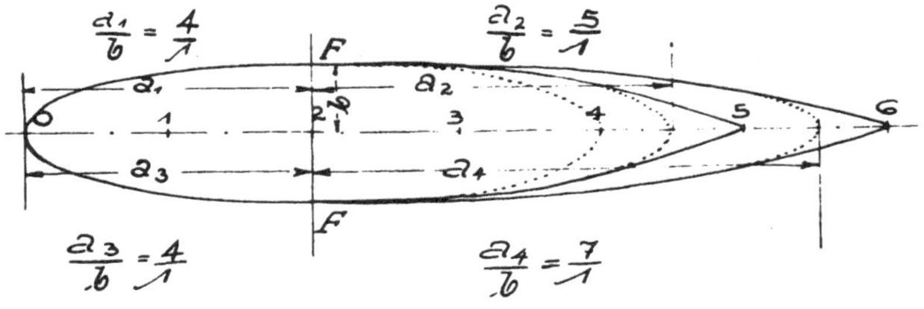

Abb. 14.

Für den Abstand des Hauptquerschnittes F von der vorderen Spitze wurde $^2/_5$ und $^1/_3$ der Gesamtlänge gewählt.

Hierauf ist auf die bekannte Weise aus dem zu $^4/_1$ angenommenen Achsenverhältnis, mit dem Hauptdurchmesser als kleiner Achse, von Punkt 2 aus als Mittelpunkt, die das Kopfende des Längsschnittes vorstellende Ellipse 0F4F zu verzeichnen. Die Vervollständigung für das hintere Ende des Längsschnittes bildet eine Ellipse, die für das Achsenverhältnis von etwa $^5/_1$, mit dem Hauptdurchmesser, als kleine Achse ebenfalls aus Punkt 2, als Mittelpunkt zu zeichnen ist. Der rechts liegende Zweig dieser Ellipse wird nunmehr durch tangierende Schmiegungskurven bis zum hinteren Endpunkt 5 verlängert und es stellt dann die Kurve 0F 5F das gewünschte Längsprofil vor.

Ähnlich erhält man den Längsschnitt für eine Tragkörperform vom Streckungsverhältnis $^1/_6$. Die Kopfellipse bleibt, wie oben angegeben, auch der Hauptquerschnitt bleibt derselbe. Für die hintere Ellipse ist das Achsenverhältnis $^{7}/_{1}$ gewählt und die kleine Achse wiederum von der Grösse des Hauptdurchmessers. Nach der wiederum vorgenommenen Heckzuspitzung bis Punkt 6, ist der so entstehende Tragkörperlängsschnitt dargestellt durch die Kurve 0F 6F.

Wählt man die Achsenverhältnisse für die Heckellipsen kleiner oder aber grösser, z. B. zu $^{6}/_{1}$, oder zu $^{8}/_{1}$, so wird die Heckzuspitzung etwas mehr oder weniger schlank ausfallen, wodurch der Saugwiderstand und das Tragvermögen entsprechend beeinflusst werden.

In der Abbildung 15 endlich ist ein Tragkörperschnitt gezeichnet für ein Streckungsverhältnis von $^{1}/_{7}$. Der Hauptquer-

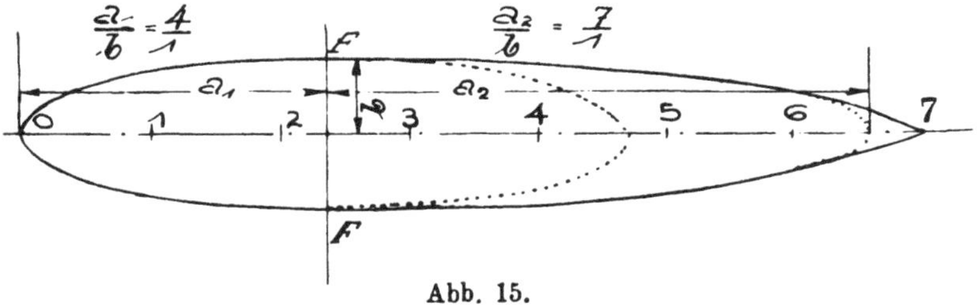

Abb. 15.

schnitt befindet sich wieder in $^{1}/_{3}$ der Gesamtlänge hinter der Spitze 0, also etwa in Punkt 2,3. Von hier aus ist die Kopfellipse mit $^{4}/_{1}$ und die Heckellipse mit $^{7}/_{1}$ als Achsenverhältnis gezeichnet worden. Nach Vervollständigung der Heckzuspitzung gibt die Kurve 0F 7F die gewünschte Tragkörpererzeugende.

Die auf die geschilderte Art erhaltenen Längsschnitte geben gute Tragkörperformen von geringem Widerstand und von einer, hinsichtlich der Lastübertragung günstigen Verteilung der Tragfähigkeit. Sie bilden die Grundform eines grossen Teils der neueren Luftschifftragkörper. Für grosse Streckungen, welche die Verwendung von mehreren Gondeln nötig machen, wird zwischen die Bug- und Heckpartie im Hauptquerschnitt am besten ein zylindrisches Mittelstück eingeschoben.

Wählt man statt Ellipsen Parabeln als Erzeugende, so kann in ähnlicher Weise verfahren werden, dadurch, dass man für die Kopfparabeln grössere Parameter wählt wie für die Heckparabeln. Im allgemeinen dürften Paraboloide als Endformen, besonders in Scheitelnähe der an- und abströmenden Luft einen um eine Kleinigkeit geringeren Widerstand bieten wie Ellipsoide. Sie sind jedoch infolge des gestreckteren Verlaufes der nach der auslaufenden Seite zu gelegenen Flächenteile weniger schmiegbar und deswegen wohl auch an diesen Stellen von etwas grösserem Widerstand wie Ellipsoide. Hinsichtlich des Verhältnisses von Oberfläche und Inhalt der ellipsoidalen Formen, bedingen kleine Verschiebungen des Hauptquerschnittes nur ganz geringe Änderungen.

Die Hubkraft ellipsoidaler Tragkörper.

Zur Ermittelung des Auftriebes und der Hubkraft des Tragkörpers ist zunächst die Bestimmung seines Inhaltes erforderlich. Der Inhaltsberechnung legt man zweckmässigerweise die Inhalte der beiden im Hauptquerschnitt ineinander überlaufenden Ellipsoidhälften zugrunde, aus denen sich der Tragkörper im wesentlichen zusammensetzt.

Sind die Halbachsen dieser Ellipsoide a_1 und b, sowie a_2 und b, so ist der Inhalt V_e dieser beiden Halbellipsoide vom Inhalt V_1 und V_2.

$$V_e = V_1 + V_2 = \frac{4}{6} \pi a_1 b^2 + \frac{4}{6} \pi a_2 b^2$$

$$= \frac{4}{6} \pi b^2 (a_1 + a_2).$$

Setzt man die lange Achse $a_1 + a_2$ des aus den Halbellipsoiden gebildeteu Tragkörpers mit Ausschluss der Heckzuspitzung gleich 2a, so wird

$$V_e = \frac{4}{3} \pi b^2 a.$$

Hieraus ergibt sich, dass es bezüglich des Inhaltes des sachgemäss gebauten Tragkörpers gleichgültig ist, an welcher Stelle der Längsachse der Hauptquerschnitt liegt. (Abbildung 16.) Die am Heck befindliche Zuspitzung kann mit guter Annäherung aus der Differenz der als gerader Kreiskegel berechneten Spitze und der dazu gehörigen Ellipsoidkalotte inhaltlich berechnet werden, oder dadurch, dass man sie anderweitig in einfacher berechenbare Raumgebilde zerlegt. Addiert man zum Inhalt der beiden Halbellipsoide den Inhalt der als gerader Kreiskegel

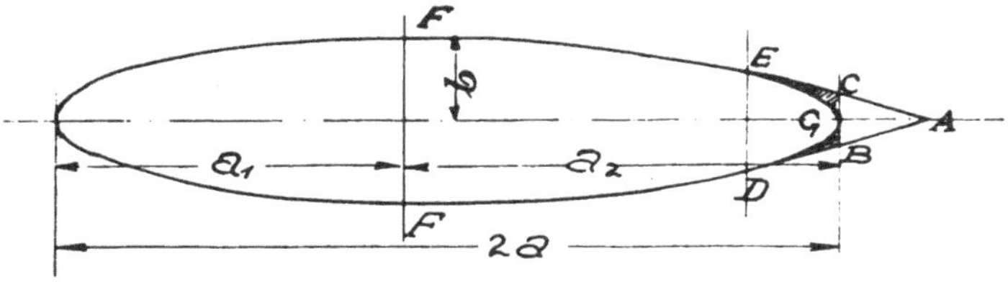

Abb. 16.

berechneten Spitze A B C, so kann der Inhalt des noch verbleibenden, schraffiert angedeuteten Umdrehungskörpers, aus der Aufzeichnung des Längsschnittes prozentual zum Tragkörperinhalt veranschlagt werden. Dies ist ohne grosse Ungenauigkeit zulässig, weil der Inhalt dieses Raumzwickels im Verhältnis zum Gesamtinhalt gering ist und auch hinter der, durch die Dehnung des Hüllenstoffes bedingten Vergrösserung des Inhalts beträchtlich zurücksteht.

Empfehlenswert bleibt neben dieser ungefähren rechnerischen Inhaltsermittelung, seine Bestimmung auf Grund der praktischen Auswertung des halben Längsschnittes mittelst Planimeters, mit darauffolgender Schwerpunktsbestimmung dieses Flächenstückes und Anwendung der Guldinschen Regel.

Ist der Inhalt V des Tragkörpers ermittelt, so ist die Hubkraft H_g seines Gases bei t° und b m/m Barometerstand nach Abschnitt IV

$$H_g = V \,.\, 0{,}432 \frac{b}{T} \text{ kg},$$

und die Hubkraft H_t des Tragkörpers

$$H_t = H_g - G_t \text{ kg},$$

wenn G_t das Gewicht des Tragkörpers ohne Gasinhalt bezeichnet.

Das Gewicht der Hülle.

Zur Bestimmung des Tragkörpergewichtes ist zunächst die Ermittelung der Oberfläche erforderlich. Diese kann man sich mit ziemlicher Annäherung zusammengesetzt denken, lediglich aus den Oberflächen der beiden Halbellipsoide, unter vorläufiger Vernachlässigung des angesetzten Heckkegels.

Dementsprechend ist die Grösse der Ellipsoidoberfläche des Tragkörpers in qm:

$$O_e = b^2\pi + \frac{a_1^2 b\pi}{e_1} \cdot \arcsin\frac{e_1}{a_1} \quad \left\{ \text{Oberfläche des vorderen Halbellipsoides} \right.$$

$$+ b^2\pi + \frac{a_2^2 b\pi}{e_2} \cdot \arcsin\frac{e_2}{a_2} \quad \left\{ \text{Oberfläche des hinteren Halbellipsoides.} \right.$$

Hierin ist $e_1 = \sqrt{a_1^2 - b_1^2}$ und $e_2 = \sqrt{a_2^2 - b_2^2}$ die Exzentrizität der erzeugenden Ellipse für das vordere und hintere Ellipsoid.

Mit einer für die Praxis genügenden Genauigkeit kann man statt der Oberfläche O_e, des aus den beiden Halbellipsoiden gebildeten Umdrehungskörpers, die Oberfläche O des einheitlichen Ellipsoides, mit a als grosser und b als kleiner Halbachse in Rechnung ziehen und schreiben:

$$O = 2\,b^2\pi + \frac{2\,a^2\,b\,\pi}{e} \cdot \arcsin\frac{e}{a} \quad \text{qm},$$

in welcher Formel $e = \sqrt{a^2 - b^2}$ die Exzentrizität der elliptischen Erzeugenden des einheitlichen Tragkörperellipsoides vorstellt.

Hierbei ist es, hinsichtlich der Grösse von O wiederum in dem bereits bekannten Masse gleichgültig, an welcher Stelle der Längsachse der Hauptquerschnitt angenommen wird.

In der Berücksichtigung des Gewichtes der Heckzuspitzung errechnet man die Oberfläche derselben am besten als Mantel des wiederum als gerader Kreiskegel gedachten Heckkegels ABC und addiert dieselbe zu der bereits bekannten des Körperellipsoides.

Ist nun das Stoffgewicht der Hülle pro qm gleich γ_h kg, so ist das nackte Hüllengewicht G_h ohne Nähte, Gurt und Luftsack etc.

$$G_h = O \cdot \gamma_h \text{ kg.}$$

Unter der Voraussetzung, dass die Hülle aus Längsbahnen gearbeitet ist, berechnet sich das Gewicht G_n der Nähte aus g_n, dem Nahtgewicht in Kilogramm pro Meter Länge, das zu dem Stoffgewicht hinzutritt und der gesamten Nahtlänge L_n in Meter. Diese ergibt sich aus der Anzahl n_b der Stoffbahnen und der Länge l_l einer Längsnaht, vermehrt um die Länge der vorhandenen Quernähte l_q.

Es ist daher

$$G_n = g_n \,.\, L_n.$$

Nun ist die Länge l_l einer der als Meridianlinien verlaufenden Längsnähte des Tragkörperellipsoids gleich der Summe der Umfänge der beiden erzeugenden Halbellipsen. Also ist

$$l_l = \frac{\pi (a_1 + b)}{2}\left[1 + \frac{1}{4}\left(\frac{a_1 - b}{a_1 + b}\right)^2 + \frac{1}{64}\left(\frac{a_1 - b}{a_1 + b}\right)^4 + \frac{1}{256}\left(\frac{a_1 - b}{a_1 + b}\right)^6 + \ldots\right]$$

als Länge pro Naht des Kopfellipsoids

$$+ \frac{\pi (a_2 + b)}{2}\left[1 + \frac{1}{4}\left(\frac{a_2 - b}{a_2 + b}\right)^2 + \frac{1}{64}\left(\frac{a_2 - b}{a_2 + b}\right)^4 + \frac{1}{256}\left(\frac{a_2 - b}{a_2 + b}\right)^6 + \ldots\right]$$

als Länge pro Naht des Heckellipsoids.

Setzt man die eingeklammerten Reihenausdrücke gleich x_1 bezw. gleich x_2, so ist

$$l_l = \frac{\pi (a_1 + b)}{2} \cdot x_1 + \frac{\pi (a_2 + b)}{2} x_2.$$

Bei Annahme eines einheitlichen Tragkörperellipsoides, mit $a_1 = a_2 = a$ als grosser und b als kleiner Halbachse, geht die Gleichung über in

$$l_l = \pi (a + b)\, x.$$

Zur Berechnung dieses Ausdruckes lässt sich folgende kleine Tabelle benützen[1]):

$\frac{a - b}{a + b} = 0{,}1$	0,2	0,3	0,4	0,5	0,6	0,7	0,8	0,9	1,0
x = 1,0025	1,0100	1,0226	1,0404	1,0635	1,0922	1,1267	1,1677	1,2155	1,2732

[1]) Vergl. des Ingenieurs-Taschenbuch „Hütte“ im Sachverzeichnis unter Ellipse.

Nun ist, da der Umfang im Hauptquerschnitt gleich $2 b \pi$ und n_b die Anzahl der dort liegenden Bahnen, die dortige Bahnbreite $B = \frac{2 b \pi}{n_b}$ Meter.

Fasst man nun von den, an den Verjüngungen des Tragkörpers hinten und vorn schmaler werdenden Stoffbahnen, um an Stoff zu sparen, je zwei zusammen zu einer neuen Bahn, so entstehen Quernähte, deren Länge l_q man bemessen kann zu dem vierfachen der grössten Bahnbreite B. (Abbildung 17)[1]).

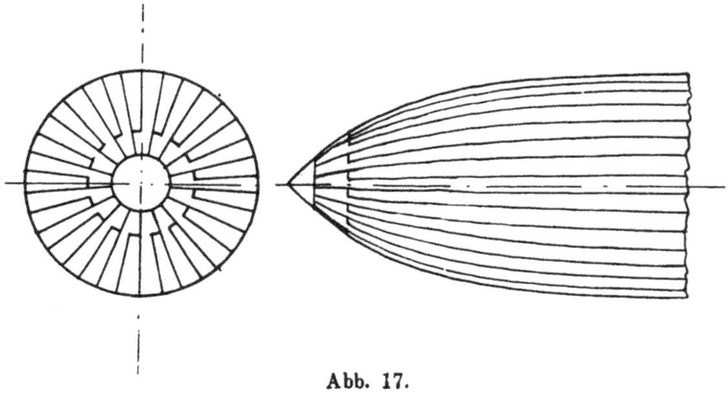

Abb. 17.

Damit wird die Länge der Quernähte

$$l_q = 4 B = 4 . \frac{2 b \pi}{n_b} = \frac{8 b \pi}{n_b}$$

und die Gesamtnahtlänge L_n, nach Einsetzung der Werte für l_l und l_q

$$L_n = n_b \left[\pi x (a + b) + \frac{8 b \pi}{n_b} \right] \text{ Meter.}$$

Hieraus folgt das Gesamtnahtgewicht G_n zu

$$G_n = g_n . n_b \left[\pi x (a + b) + \frac{8 b \pi}{n_b} \right] \text{ Kilogramm.}$$

Das Gewicht g_n eines Meters Naht schwankt zwischen 0,04

[1]) Die Abbildung stellt den Stoffzuschnitt der Tragkörperhülle dar, gesehen in der Längsachse, wobei die Quernähte in der gezeichneten Weise geführt werden können.

und 0,06 Kilogramm, je nach Wahl der Nahtbreite, sowie der Breite der doppelseitigen Klebstreifen und ihrer Gummierung. Die Anzahl n_b der Stoffbahnen richtet sich nach der später noch zu erörternden, mit der Anfertigung zusammenhängenden Breite der Stofflage.

Das Gewicht G_g des Gurtes ist gleich dem Produkt aus der Länge L_g des Gurtes und dem Gurtgewicht g_g pro Meter Länge. Letzteres schwankt, je nach Stärke und Ausführungsart zwischen 0,5 Kilogramm für Hüllen mit ca. 10 bis 12 Meter und 0,7 Kilogramm für Hüllen mit 14 bis 16 Meter Hauptdurchmesser.

Nimmt man ferner die Länge des Hauptgurtes gleich der doppelten Hüllenlänge 2 L an, so hat man damit gleichzeitig auch ein genügend grosses Zusatzgewicht mit veranschlagt für die vielen kleinen Hülfsgurte und Verstärkungsstoffteller, die neben dem Hauptgurt noch an der Hülle anzubringen sind.

Das Gewicht des Gurtes ist mithin

$$G_g = L_g \,.\, g_g = 2\,L \,.\, g_g \text{ Kilogramm.}$$

Das Gewicht der Luftsäcke (Ballonets).

Man nimmt den Inhalt der Luftsäcke, wie späterhin noch zu zeigen sein wird, für eine Steighöhe des Schiffes bis zu 2000 Meter absolut gemessen, an zu $^1/_4$ des Hülleninhalts und für eine Steighöhe bis zu 1500 Meter zu $^1/_{4,5}$ des Hülleninhalts. Hierbei ist in Berücksichtigung gezogen, dass das Schiff durch starke Sonnenbestrahlung, oder auch durch das Antreffen wärmerer Luftschichten in jener Höhe mehr Gas ausstösst, als der Ausdehnung rein durch den sinkenden Luftdruck entspricht.

Zur Anfertigung der Luftsäcke verwendet man einen Ballonstoff, der sehr dicht ist, aber nicht die hohe Bruchfestigkeit des eigentlichen Hüllenstoffs besitzt. Hierüber ist das Nähere ausgeführt in dem die Eigenschaften der Hüllenstoffe behandelnden Abschnitt im 3. Teil dieses Werkes.

Für grössere Hüllen verwendet man vorteilhaft zwei Luftsäcke, da man hierdurch die Möglichkeit erreicht, mit Hülfe derselben gewisse Höhensteuerungseffekte zu erzielen. Bei der Anordnung von zwei Luftsäcken und unter der Annahme einer grössten Steighöhe von 2000 Meter ist daher der Inhalt eines Luftsackes.

$$V_l = \frac{V_e}{8} = \frac{4 \pi b^2 a}{3 . 8} \text{ Raummeter.}$$

Als Grundform für die Luftsäcke empfiehlt sich die Wahl eines Ellipsoides, einer Kugel, oder eines Zylinders mit halbkugeligen Endflächen. Verwendet man, wie das bei ausländischen Luftschiffen oft geschieht, einen fischförmigen Luftsack, so kann man sich denselben, je nach der Form seines Querschnittes zusammengesetzt denken aus einem langgestreckten, dreiachsigen- oder Rotationsellipsoid, ausgestattet mit den zugehörigen Endzuspitzungen.

Bei der Wahl von kugelförmigen Luftsäcken mit dem Halbmesser r ist der Inhalt V_l eines derselben

$$V_l = \frac{4}{3} r^3 \pi = \frac{4 \pi b^2 a}{3 . 8} \text{ Raummeter.}$$

Hieraus folgt

$$r = \frac{1}{2} \sqrt[3]{b^2 a} \text{ Meter}$$

und die Oberfläche O_l des Luftsackes zu

$$O_l = 4 r^2 \pi = \pi \sqrt[3]{(b^2 a)^2} \text{ Quadratmeter.}$$

Das ergibt, bei einem Stoffgewicht von γ_l Kilogramm pro Quadratmeter der Luftsackhülle, für die beiden Luftsäcke ein Gewicht G_l von

$$G_l = 2 O_l \gamma_l = 2 \pi \gamma_l \sqrt[3]{(b^2 a)^2}.$$

Hierzu kommt das Gewicht G_{ln} der Nähte, die, unter der Annahme einer gewissen Bahnbreite des für die Luftsäcke geeigneten Hüllenstoffes, ähnlich wie oben für die Tragkörperhülle gezeigt wurde, zu berechnen ist zu

$$G_{ln} = 2 L_{ln} . g_{ln},$$

wenn L_{ln} die für den Luftsack errechnete Gesamtnahtlänge und und g_{ln} das Nahtgewicht pro Meter Nahtlänge vorstellt. Dieses Gewicht kann für den verhältnismässig leichten Luftsackhüllenstoff zu 0,04 Kilogramm angenommen werden.

Bei der Wahl von zylinderförmigen Luftsäcken legt man, um zu einer zweckmässigen Form für diese zu gelangen, die Bedingung zugrunde, dass die Zylinderlänge l_1 eines derselben gleich sei dem doppelten Halbmesser r_1 des Zylinderquerschnittes und der halbkugeligen Endflächen, so dass $l_1 = 2\,r_1$.

Dann ist der Inhalt V_1' eines Luftsackes,

$$V_1' = r_1^2 \pi \,.\, 2\,r_1 + \frac{4}{3}\, r_1^3 \pi = \frac{4}{3}\,\frac{\pi\, b^2 a}{8} \text{ Raummeter.}$$

Hieraus folgt

$$r_1 = \sqrt[3]{\frac{b^2 a}{20}} \text{ Meter.}$$

Damit wird die Oberfläche

$$O_1' = 2\,r_1 \pi \,.\, 2\,r_1 + 4\,r_1^2 \pi = 8\,r_1^2 \pi$$

und nach Einsetzung des soeben gefundenen Wertes für r_1

$$O_1' = 8\,\pi \sqrt[3]{\left(\frac{b^2 a}{20}\right)^2} \text{ Quadratmeter.}$$

Hieraus folgt bei einem Stoffgewicht von γ_1, für die beiden zylinderförmigen Luftsäcke ein Gewicht von

$$G_1' = 2\,O_1' \,.\, \gamma_1 = 16\,\pi\,\gamma_1 \sqrt[3]{\left(\frac{b^2 a}{20}\right)^2} \text{ Kilogramm.}$$

Hierzu ist dann noch das in der bekannten Weise berechnete Gewicht G'_{ln} der Nähte zu schlagen.

Das Gesamtgewicht G_t der Tragkörperhülle mit Einschluss der Nähte, sowie des Gurtes mit den Verstärkungstellern und den Luftsackhüllen mit Einschluss der Nähte ergibt sich demnach zu

$$G_t = G_h + G_n + G_g + G_l + G_{ln}$$

für kugelförmige Luftsäcke und zu

$$G'_t = G_h + G_n + G_g + G'_l + G'_{ln}$$

für zylinderförmige Luftsäcke mit halbkugeligen Endflächen. Dementsprechend ist schliesslich die Hubkraft H_t des Tragkörpers gleich H_g minus G_t bezw. G'_t.

Ist der Tragkörper zusammengesetzt aus Paraboloiden, so verfährt man bei der Berechnung seines Gewichtes und Anhubes ähnlich der soeben geschilderten Weise.

Der Verdrängungsmittelpunkt und der Tragkörperschwerpunkt.

Die auf einen frei schwebenden Tragkörper einwirkenden Kräfte sind der Auftrieb, das Gewicht der Gasfüllung und das Gewicht der Hülle in der soeben bezeichneten Ausrüstung. Diese drei Kräfte kann man sich in der bekannten Weise an gewissen Punkten der Längsachse des Tragkörpers konzentriert angreifend denken.

Der senkrecht nach aufwärts gerichtete Auftrieb und das Gewicht der Gasfüllung greifen an im Schwerpunkt M der Gasfüllung, dem sogenannten Verdrängungsmittelpunkt. Die Ge-

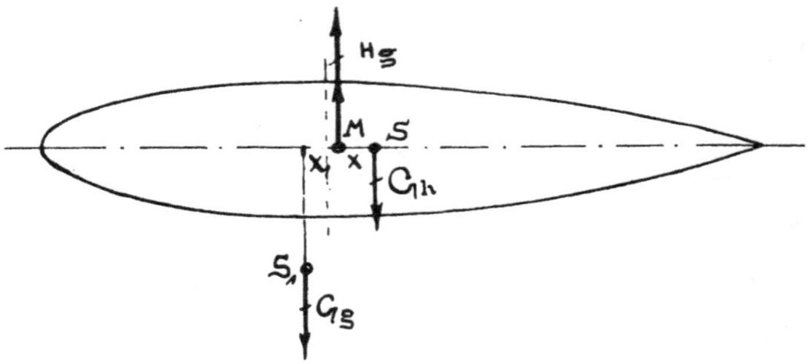

Abb. 18.

samtkraft (Resultante) dieser beiden entgegengesetzt gerichteten Kräfte ist die Hub- oder Steigkraft H_g des Gasraumes ohne Hülle. (Abbildung 18).

Das Gewicht G_h der Hülle kann man sich konzentriert denken im Schwerpunkt S der Hülle selbst, wobei naturgemäss das Gewicht der Luftsäcke, der Endzuspitzung, des Gurtes etc. entsprechend zu berücksichtigen ist.

Die Punkte M und S fallen nicht zusammen und es besteht daher für den Tragkörper ein am Hebelarm $MS = x$, senkrecht zur Längsachse wirkendes Kräftepaar G_h, das ihn zu drehen sucht und eine im Punkte M angreifende Hubkraft H_g, die ihn aufwärts beschleunigt. Die eingeleitete Drehung wird so lange anhalten, bis der Punkt S senkrecht unter M zu liegen kommt, das heisst, bis die Längsachse senkrecht steht. Hieraus geht hervor, dass jeder in seiner Längserstreckung unsymmetrisch geformte Tragkörper, sich selbst überlassen, aufrichtet mit der volumgrösseren Seite, also mit der vorderen Spitze nach oben und nur in dieser Lage sich im Gleichgewicht befindet, stabil ist. Dieses aufrichtende Drehmoment aber ist naturgemäss umso grösser, je grösser die wirkenden Kräfte und ihr Hebelarm x sind, das heisst je grösser das Gewicht der Hülle mit ihrer Ausrüstung ist, je grösser der Auftrieb, umso unsymmetrischer die Form des Tragkörpers ist und umso tragkräftiger seine Füllung.

In der zur Fahrt erforderlichen Horizontallage wird demgemäss ein solcher Tragkörper erst gehalten durch das Gewicht der unter ihm angeordneten übrigen Teile wie Gondel, Aufhängung, Maschinenanlage etc. — Damit diese Lage aber eine genau horizontale wird, ist die Anordnung dieser Teile so zu gestalten, dass ihr gemeinschaftlicher Schwerpunkt S_1, in dem man sich ihr Gewicht G_s vereinigt denken kann, soweit vor den Punkt M gelegt wird, dass die um M wirkende Momentensumme gleich Null wird, das heisst

$$G_h \,.\, x - G_s \,.\, x_1 = o$$

oder

$$x_1 = \frac{G_h \,.\, x}{G_s}\,.$$

Die Strecke x wird ermittelt, nachdem man zunächst die Lage des Verdrängungsmittelpunktes M und des Hüllenschwerpunktes S bestimmt hat. Die Länge der Strecke x_1 und mit ihr die Festlegung des Schwerpunktes S_1 folgt aus der obigen Beziehung, sobald das Gewicht des getragenen Systems bekannt ist. Die genaue Ermittelung dieses Punktes jedoch, dessen Lage für die Lage der Gondel in horizontaler Richtung massgebend ist, bereitet ziemliche Schwierigkeiten und ist weder auf rechnerischem, noch auf zeichnerischem Wege leicht durchführbar. Die für die Horizontallage des Tragkörpers mithin erforderliche Anordnung der Gondel ist daher am besten erst bei der Aufrüstung (Montage) anzustreben. Für den Entwurf genügt die angenäherte Ermittelung der besprochenen Punkte, die man am besten auf zeichnerischem Wege auf die bekannte Weise mittelst des Kräfte- und Seilpolygons ermittelt.

Der Verdrängungs- oder Auftriebsmittelpunkt fällt zusammen mit dem Schwerpunkt der Füllung ohne Hülle. In ziemlich einfacher Weise ergibt sich daher der Auftriebsmittelpunkt M für einen Tragkörper ABCD ohne Heckzuspitzung, der einfach aus den zwei Ellipsoidhälften DBA und DBC besteht. (Abbildung 19.)

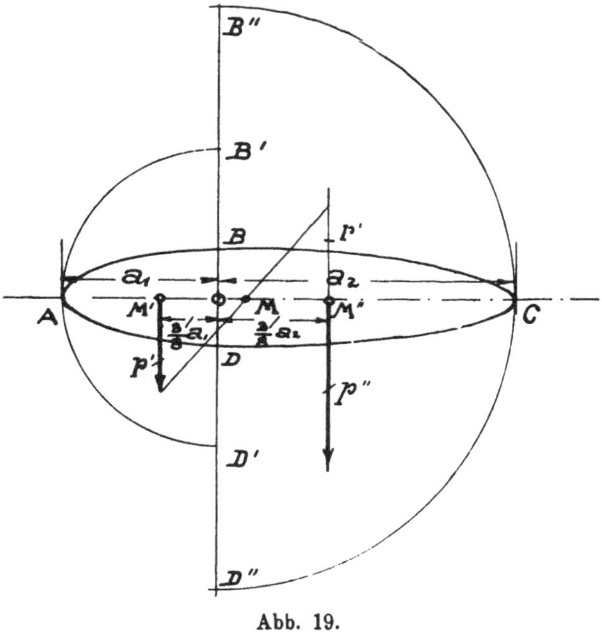

Abb. 19.

Man ermittelt die Auftriebsmittelpunkte M' und M'' der beiden Ellipsoidhälften und ihre Auftriebe und denkt sich diese als die Gewichte p' und p'' in M' und M'' angebracht. Hierauf teilt man die Strecke M' M'' so, dass MM' : MM'' = p'' : p' und hat in Punkt M den gesuchten Auftriebsmittelpunkt.

Zur Ermittelung der Punkte M' und M'' diene der Hinweis, dass diese Punkte zusammenfallen mit den Schwerpunkten der von O aus mit den grossen Halbachsen a_1 bezw. a_2 der Ellipsoide als Halbmesser beschriebenen Halbkugeln D'AB' und

D″ C B″. Die Strecken OM′ bezw. OM″ sind daher gleich $\frac{3}{8}a_1$ bezw. $\frac{3}{8}a_2$.

Ist der Tragkörper A B C D am Heck zugespitzt, so zerlegt man den Längsschnitt durch ein System senkrechter Geraden in eine genügende Anzahl von Flächenstücken 1, 2, 3, 4 . . . x, für welche die Schwerpunkte leicht zu bestimmen sind. Die Flächenstücke 2, 3, 4 . . . kann man mit einer praktisch hinreichenden Genauigkeit betrachten als gleichseitige Trapeze, das

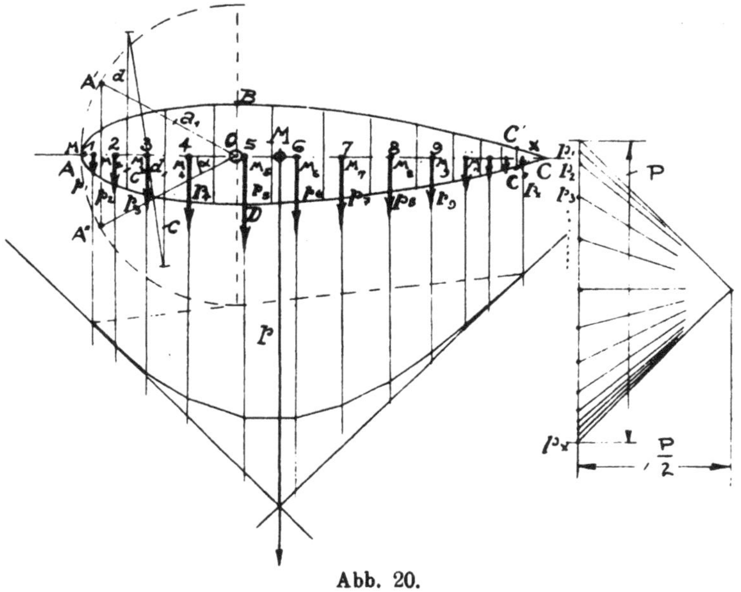

Abb. 20.

Flächenstück 1 ist als Ellipsenabschnitt und die hintere Spitze x als gleichschenkliches Dreieck zu behandeln. (Abbildung 20.)

Die allbekannte, einfache, zeichnerische Auffindung der Trapezschwerpunkte ist in der Abbildung gezeigt. Der Schwerpunkt M_1 des Ellipsenabschnittes 1 fällt zusammen mit dem Schwerpunkt desjenigen Kreisabschnittes A′ A A″, den die Sehne A′ A″ von einem Kreise abschneidet, dessen Durchmesser die zur Sehne senkrechte Hauptachse der Ellipse ist[1]. Demnach ist

[1] Vergl. „Hütte: Unter Schwerpunktslagen bei Flächen".

$$O M_1 = \frac{2}{3} \frac{a_1 \sin^3\alpha}{\frac{\alpha^0 . \pi}{180} - \sin\alpha \cos\alpha}.$$

Der Schwerpunkt des Heckdreiecks C C'' C' endlich liegt bekanntlich in 1/3 der Höhe über der Seite C' C''.

Hierauf berechnet man die Auftriebe der durch die einzelnen Flächenstücke 1, 2, 3 . . . im Längsschnitt bezeichneten Körperteile und denkt sich diese Auftriebe als Gewichte p_1, p_2, p_3 . . . in den Auftriebsmittelpunkten M_1, M_2, M_3 . . . angebracht, worauf man das zugehörige Kräfte- und Seilpolygon konstruiert. Die Resultante p desselben schneidet die Längsachse nunmehr in dem gesuchten Auftriebsmittelpunkt M.

In ähnlicher Weise verfährt man bei der Bestimmung des Schwerpunktes der Tragkörperoberfläche, d. h. der prall gespannten Hülle. Bei der wiederum vorzunehmenden Zerlegung betrachtet man das am vorderen Ende befindliche Flächenstück als Kugelkalotte, das am hinteren Ende als Mantel eines geraden Kreiskegels, während man die übrigen Flächenstücke als die Mäntel von Kegelstümpfen behandeln wird. Die Gewichte der Hüllenversteifungen. der Gurtteile, Nebengurte, Dämpfungsflossen und Luftsäcke denkt man sich der Einfachheit wegen in gleichmässiger Verteilung, rings um die betreffenden Kegelmäntel herum angeordnet, so dass der Tragkörperschwerpunkt, wie bereits oben angenommen, auf die Längsachse zu liegen kommt. In Wirklichkeit jedoch liegt er, infolge der durch die Luftsäcke, die Gurte und die Ventillochversteifungen bewirkten einseitigen Belastung der unteren Hüllenteile etwas unterhalb der Längsachse.

Nach Bestimmung der Gewichte der bezeichneten Flächen, bringt man diese Gewichte wieder wie vorhin an in den unter Zuhilfenahme der bekannten Schwerpunktsformeln aufgefundenen Schwerpunkten, konstruiert wieder das zugehörige Kräfte- und Seilpolygon und erhält damit eine Schwerlinie und die Schwerpunktslage der Hülle.

Die Bestimmung der Gondellage in horizontaler Richtung.

Der weitaus schwerste Teil der getragenen Teile ist die Gondel mit ihrer Ausrüstung. Fernerhin beruht auch die Anordnung der von der Gondel nach dem Tragkörper hin aufsteigenden Takelung auf einer angenähert symmetrischen Gewichtsverteilung des erforderlichen Seilwerks. Der Schwerpunkt S_1 dieses ganzen Systems, mit Einschluss der Gondel, wird daher in der Nähe der Gondel selbst liegen und in den meisten Fällen ungefähr im oberen mittleren Teil der Motorenanlage, oder etwas oberhalb dieser Stelle liegen müssen.

Von der Gondel aus verteilt sich der Hauptteil der Traglast durch die Seilzweige der Takelung auf den Tragkörper. Die senkrechten Teilkräfte der Seilzüge bestimmt man vor der endgültigen Festlegung der Gondellage, bei prall gefülltem Tragkörper aus der zur Horizontallage desselben erforderlichen Lastverteilung auf die Gurtpunkte. Zu diesem Zwecke wird der Tragkörper durch genau abgewogene Sandsäcke belastet und diese Belastung so lang abgeändert, bis der Tragkörper wagerecht liegt. Abbildung 21a zeigt den auf diese Weise belasteten Tragkörper.

Die Horizontallage ist auf irgend eine Weise, z. B. durch Abmessung oder angebrachte Marken zu kontrollieren. Abbildung 21b zeigt den mit Gurt und Dämpfungsflossen versehenen Tragkörper, von unten her gesehen und mit den in den bezeichneten Gurtpunkten aufgehängten Gewichten p, p_1, p_2 . . . . bis p_9.

Bei der durch die Symmetrie des Tragkörpers in bezug auf die Längsachse gegebenen Gewichtsanordnung sind die in den gezeichneten Querschnittsebenen 1, 2, 3 . . . bis 6 auf beiden Seiten angehängten Gewichte einander gleich und es wirken in den bezeichneten Querschnitten die Kräfte p, $2p_1$, $2p_3$ . . . . bis p_9, in den auf die Längsachse projizierten Abständen a, b, c . . . d senkrecht nach abwärts. Der Tragkörper stellt einen an einzelnen Punkten mit den bezeichneten Lastgrössen belasteten Balken vor und man findet die Lage der

Gesamtkraft dieser Gewichte wiederum in der bekannten Weise durch die Aufzeichnung des zugehörigen Kräfte- und Seilpolygons.

In den Abbildungen 21 c und 21 d ist diese Konstruktion durchgeführt und die resultierende Schwerlinie p_s gefunden.

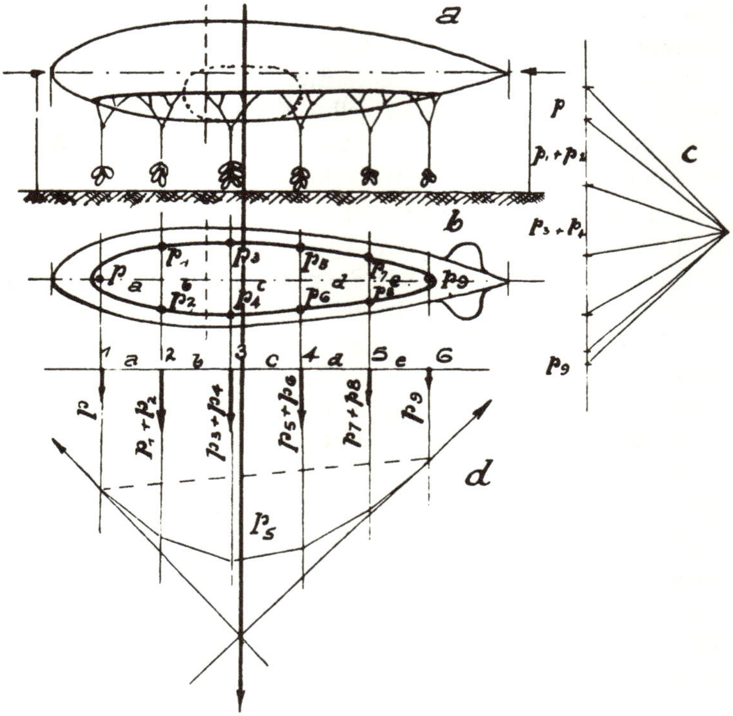

Abb. 21.

Durch sie und die späterhin noch zu erörternde Tieflage ist die Lage der Gondel bestimmt.

Die nachträglich sich noch als notwendig herausstellenden Verspannungen und geringen Verschiebungen der Gondel, gegenüber der soeben fixierten Lage, lassen sich durch die zu diesem Zweck in die Auslaufkabel eingelegten Spannschlösser oder durch kleine Änderungen in der Hanfseiltakelung leicht bewerkstelligen.

Das Verfahren eignet sich für alle Prallschiffbauformen. Bei Luftschiffen mit langer Gondel insbesondere ist zur Erreichung einer richtigen Gondelanordnung auch der Schwerpunkt der betriebsfertigen Gondel zu bestimmen, um diesen genau in die gefundene Schwerlinie einstellen zu können.

Abschnitt IX.

Der Tragkörper und seine Hüllenspannungen.

Der unbelastete zylindrische Tragkörper.

Der in der soeben besprochenen Weise belastete Tragkörper wird, wie eingangs erwähnt, durch den Druck seines Füllgases prall ausgespannt und so in der zur Belastung geeigneten Form erhalten. Der grösste Teil des hierzu verwandten Innendrucks dient dazu, dem auf der Hüllenoberfläche lastenden Atmosphärendruck von rd. 1 kg/qcm das Gleichgewicht zu halten. Weitaus kleiner, etwa $^1/_{400}$ dieses Druckes ist der zur Formhaltung gegen den Einfluss der Betriebsbelastung erforderliche und den Atmosphärendruck übersteigende innere Überdruck, kurz Innendruck genannt.

Zur Erläuterung der durch den Innendruck p in der Hülle des Tragkörpers erzeugten Spannungen sei ein walzenförmiger, unbelasteter Tragkörper betrachtet. (Abbildung 23.) Die erzeugten Hüllenspannungen S, gleichgültig in welcher Richtung sie wirksam sind, denkt man sich nach den Hauptrichtungen zerlegt in die senkrecht aufeinander stehenden Teilkräfte (Komponenten) der Längs- und der Querspannungen S_l und S_q und spricht von einer Längs- und von einer Querbeanspruchung der die Hülle zusammensetzenden Stoffe. Unter der durch die Stoffspannungen herbeigeführten Stoffbeanspruchung versteht man im vorliegenden Falle die Zugbelastung des Stoffes pro laufendes Meter. Hierbei vernachlässigt man die Stoffdicke und geht von der praktisch auch zutreffenden Annahme aus, dass diese Zugbeanspruchung über den durch die äussere und innere Hüllenoberfläche eingeschlossenen Stoffquerschnitt gleichmässig verteilt ist.

Die Zerlegung der Hüllenspannungen in ihre senkrecht aufeinander stehenden und für die Berechnung sehr bequemen Teilkräfte S_l und S_q entspricht natürlich nicht ganz der in der Hülle durch den Innendruck hervorgerufenen Spannungsverteilung. Sie ist bis zu einem gewissen Grade willkürlich. Auch die Bruchfestigkeit des zur Hüllenanfertigung meist verwandten, diagonal gedoppelten Ballonstoffes ist nicht in allen Richtungen von gleicher Grösse. Abbildung 22 stellt ein derartiges, bekanntermassen aus Baumwolle gewobenes Stoffstück schematisch dar.

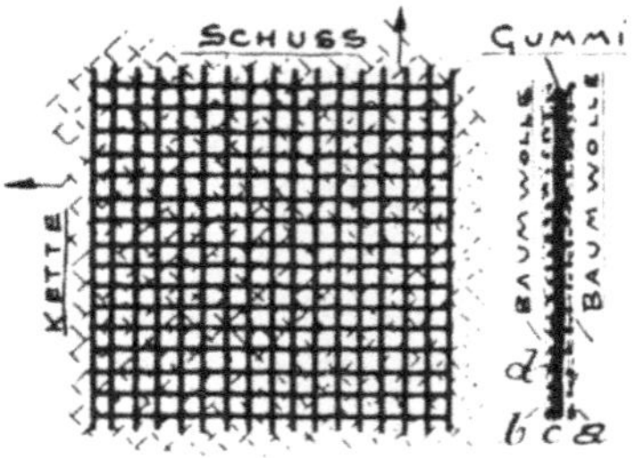

Abb. 22.

Die Fadenrichtungen (Kette und Schuss) der oberen Stofflage sind voll ausgezogen und gegen die der unteren, punktiert gezeichneten, um 45° verdreht angeordnet. Diese beiden Stofflagen a und b werden durch die dichtende und fest mit ihnen verbundene Gummischicht c zusammengehalten und sind weiterhin noch an der einen Seite mit einer schützenden, leichten Gummierung d versehen. Die gezeichneten Fadensysteme sind daher keineswegs frei verschiebbar gegeneinander gelagert, sondern beeinträchtigen sich durch den Gummi und gegenseitigen Reibungsschluss in ihrer Spannung. Immerhin aber ergeben die durch Innendruck gesprengten Reissproben, auch an richtig geformten Tragkörpermodellen, eine gute Übereinstimmung mit der auf der soeben besprochenen Spannungszerlegung gegründeten Berechnung.

Unter Längsspannung versteht man die Zugspannung in der Längsfaser oder der Mantellinie des Tragkörpers, während man den in der Querfaser oder in der Umfangsrichtung herrschenden Zug als die Querspannung bezeichnet.

Der Durchmesser des betrachteten Tragkörpers (Abbildung 23) sei D Meter, der Innendruck gleich p, gemessen in Kilogramm

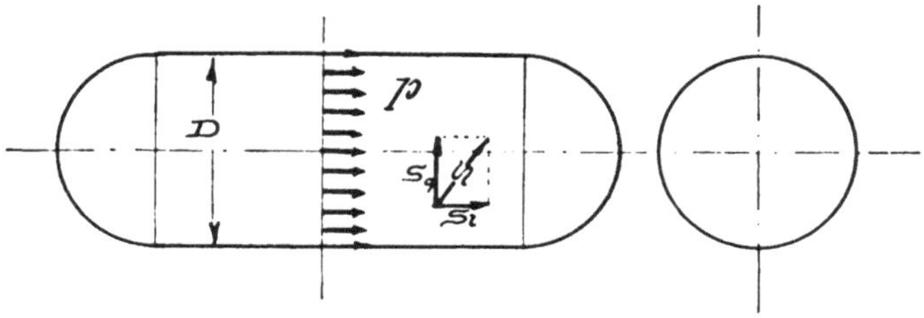

Abb. 23.

pro Quadratmeter. Damit wird die für die Druckaufnahme in der Längsrichtung in Betracht kommende Fläche (Projektion der Stirnfläche) gleich $\frac{D^2 \pi}{4}$ Quadratmeter und der von dieser Fläche aufgenommene Druck gleich $\frac{D^2 \pi}{4} \cdot p$ Kilogramm. Diese Kraft verteilt sich gleichmässig um den Umfang $D \pi$ des Tragkörpers und erzeugt eine Längsbeanspruchung des Stoffes von

$$S_l = \frac{\frac{D^2 \pi}{4} \cdot p}{D \pi} = \frac{D p}{4} \text{ Kilogramm.}$$

Die für die Druckaufnahme in der Querrichtung in Betracht kommende Fläche ist der Mantel des zylindrischen Tragkörpers

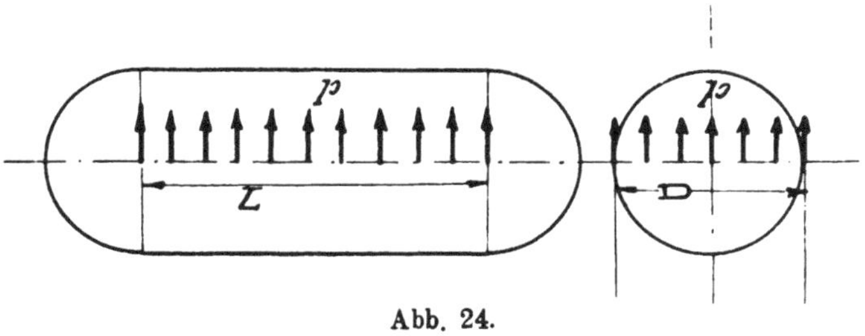

Abb. 24.

und der von diesem aufgenommene Druck gleich D L p Kilogramm. (Abbildung 24.)

Die Querbeanspruchung des Stoffes zu beiden Seiten des Zylinders in Länge der doppelten Mantellinie L ist daher

$$S_q = \frac{D\,L\,p}{2\,L} = \frac{D\,p}{2} \text{ Kilogramm.}$$

Hieraus folgt $S_q = 2\,S_l$

d. h., die durch den inneren Überdruck bei einem unbelasteten zylindrischen Tragkörper erzeugte Querspannung ist gleich der doppelten Längsspannung. Aus den beiden Formeln geht weiterhin hervor, dass die erzeugten Längs- und Querspannungen proportional sind dem Innendruck und dem Durchmesser des Tragkörpers, oder vielmehr dem Produkte aus diesen. Die erzeugten Spannungen verteilen sich beim zylindrischen Tragkörper gleichmässig über die ganze Mantellänge.

Bei grossen Tragkörpern sind die infolge der grossen Durchmesser auftretenden Spannungen und Stoffbeanspruchungen naturgemäss grösser wie bei kleinen. Es empfiehlt sich daher die Verwendung langer Tragkörperformen von geringem Durchmesser. In Wirklichkeit jedoch wird der durch diese Formgebung erreichte Vorteil niederer Beanspruchung wieder aufgehoben durch die, infolge der Belastung gegen das Einknicken, notwendig damit verbundene Erhöhung des Innendrucks p.

Denkt man sich nun den Tragkörper in der üblichen Weise nach beiden Enden hin verjüngt und zugespitzt, so liegen, dem Gesagten entsprechend, die Grösstwerte sowohl der Längs- wie auch der Querspannungen im grössten Querschnitt des Tragkörpers. Nach den Enden hin nehmen sie, dem Durchmesser entsprechend, ab und werden in den Spitzen theoretisch gleich Null.

Von praktischem Interesse jedoch sind hauptsächlich nur die im Hauptquerschnitt auftretenden grössten Spannungswerte und diese sollten bei gegebener Stoffstärke zur Wahrung eines gewissen Sicherheitsgrades nicht überschritten werden.

Der belastete Tragkörper.

Anders gestaltet sich die Spannungsverteilung bei belasteten Tragkörpern. Bei diesen entsteht die Beanspruchung einerseits durch die Hubkraft und die ihr entgegenwirkende Belastung, andererseits aber durch den, zur Wahrung des Gleichgewichts im System selbst, d. h. den zur Formhaltung erforderlichen, inneren Überdruck. Bei zylinderförmigen Tragkörpern ist die Hubkraft gleichmässig verteilt über die Länge derselben. Bei den Tragkörpern der üblichen Form jedoch an jeder Stelle der Längserstreckung angenähert proportional dem Durchmesser des Tragkörpers an dieser Stelle.

Am ungünstigsten gestaltet sich die Belastungsanordnung unter der Voraussetzung, dass die Gesamtlast Q im Mittelpunkt

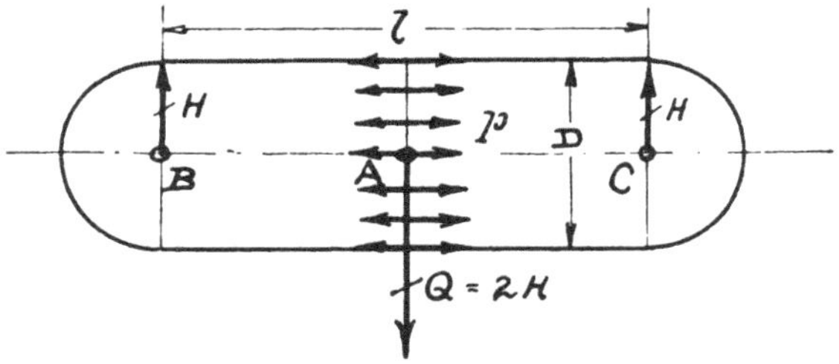

Abb. 25.

A angreift, während die Hubkraft 2 H = Q in den beiden, weit nach aussen liegenden Punkten B und C sich betätigt. (Abbildung 25.)

Der Durchmesser des Tragkörpers sei D und der Abstand der beiden Punkte B und C, also die wirksame Länge sei l.

Die im Querschnitt bei A (Querschnitt des Maximalbiegungsmomentes) erzeugte Spannung setzt sich, wie bei jedem gleichzeitig durch Zug und Biegung beanspruchten, massiven oder röhrenförmigen Balken zusammen aus der, in diesem Falle durch den Innendruck p bewirkten und über den ganzen Tragkörper gleichmässig verteilten Längsspannung als Zugspannung und der durch die Belastung Q und die Hubkräfte H erzeugten Biegungsspannung.

Die so erzeugte Gesamtspannung kann man sich daher zerlegt denken, wie in Abbildung 26 a und b gezeigt ist[1]). In

[1]) Diese im wesentlichen dem Aufsatze „Die Berechnung unstarrer Ballonkörper auf Biegung", von Dipl.-Ing. Eberhardt, Motorwagen 1908, entnommenen Betrachtungen, erläutern in lehrreicher Weise das Wesen der Spannungen.

a ist das Spannungsbild für die reine Zugbeanspruchung gegeben, während in b die Biegungsbeanspruchung (oben Druck-unten Zugspannung) dargestellt ist. Als neutrale Faser (spannungslose Faser) ist die Mittelachse gedacht.

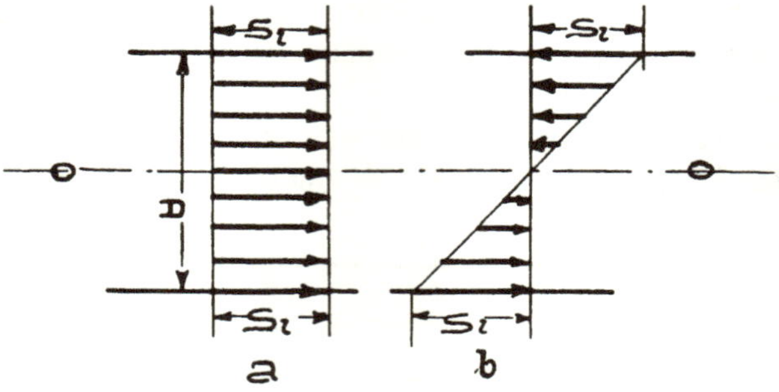

Abb. 26.

So lang die maximale Biegungsspannung kleiner bleibt wie die Zugspannung, also bei hinreichend grossem inneren Überdruck p, bleibt der Tragkörper prall und fest und seine in der Längsrichtung verlaufenden Mantelfasern stehen unter Zug. Wenn die Belastung Q nun aber so gross wird, dass die beiden im Spannungsbild dargestellten und entgegengesetzt gerichteten Teilspannungen einander gleich werden, so wird, wie die in

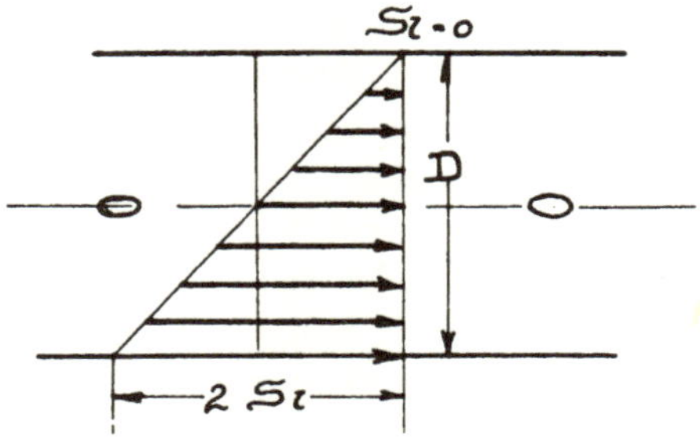

Abb. 27.

Abbildung 27 durchgeführte Zusammenlegung der Spannungsbilder a und b ergibt, die oberste Mantelfaser spannungslos, während die Spannung in der untersten Faser gleich der doppelten, nur durch den Innendruck allein hervorgerufenen Zugspannung wird.

Da nun aber, wie bereits gezeigt, die auftretenden Querspannungen am unbelasteten Tragkörper doppelt so gross sind wie die Längsspannungen, so ist die bei dieser kritischen Belastung $Q = Q_k$, also eben noch vor der Knickung auftretende Längsspannung in der untersten Faser gleich der Querspannung des unbelasteten Tragkörpers.

Um die Prallhaltung des Tragkörpers zu sichern, gibt man ihm daher in der Praxis einen grösseren Innendruck p, als er ihn zur blossen Prallhaltung bei der kritischen Belastung unbedingt nötig hat und wählt ihn so gross, dass die durch ihn

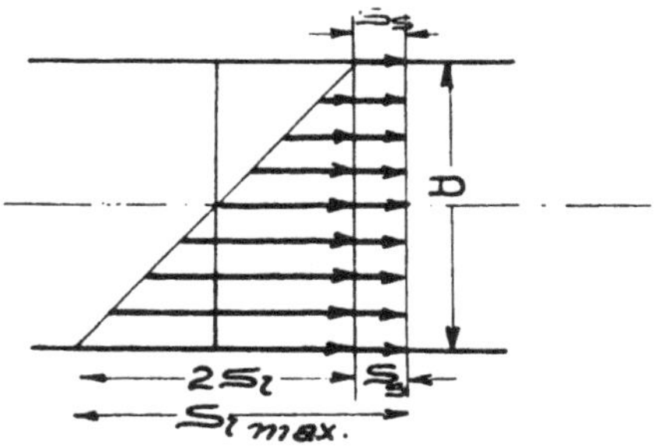

Abb. 28.

erzeugte Längsspannung um eine zusätzliche Sicherheitsspannung Ss erhöht wird. Dies ist im Spannungsbild der Abbildung 28 angedeutet.

Die durch diese Erhöhung des innneren Überdrucks p erzielte Spannungserhöhung der Querspannung beträgt, dem Gesagten zufolge, daher 2 Ss. Die Querspannung ist mithin um den Betrag Ss grösser als die maximale Längsspannung. Diese ist gleich $2\,S_l + S_s$ und die Querspannung daher

$$S_q = 2\,(S_l + S_s)\,.$$

Dementsprechend ist die Querspannung der höchste, der am belasteten Tragkörper überhaupt auftretenden Spannungswerte.

Die Grösse der vorhin mit Q_k bezeichneten kritischen Belastung gibt Eberhardt an zu

$$Q_k = \frac{4}{5}\,\frac{D^3}{l}\,p\,.$$

Hieraus ergibt sich die zur Aufrechterhaltung der Form gerade noch ausreichende Grösse des inneren Überdruckes zu

$$p = \frac{5}{4} Q_k \cdot \frac{1}{D^3}$$

und die, diesem Innendruck entsprechende Längsspannung in der Hülle zu

$$S_l = \frac{Dp}{4} = \frac{5}{16} Q_k \cdot \frac{1}{D^2}.$$

Die maximale, nur in der Mitte der untersten Mantelfaser auftretende Längsspannung $S_{l\,max}$ erhält man nun, wie gezeigt wurde, durch Verdoppelung der Spannung S_l und Hinzufügung der gewählten Sicherheitsspannung S_s. Sie ist daher

$$S_{l\,max} = \frac{5}{8} Q_k \frac{1}{D^2} + S_s.$$

Die gleichzeitig an allen Punkten der Tragkörperoberfläche aber auftretende Querspannung ergibt sich zu

$$S_q = 2 (S_l + S_s) = \frac{5}{8} Q_k \frac{1}{D^2} + 2 S_s$$

als grösster, der bei dieser Belastungsart in der Hülle zylindrischer Tragkörper überhaupt möglichen Spannungswerte.

Auch aus diesen Betrachtungen geht die bereits erörterte Abhängigkeit der erzeugten Spannungen hervor von der Höhe des Innendrucks p und der Grösse des Durchmessers D. Die Abhängigkeit ist jedoch, wie die Formeln lehren, eine ganz andere, wie die bei unbelastetem Tragkörper bestehende. Bei diesem wuchsen die erzeugten Spannungen proportional zum Durchmesser, während hier, durch den Einfluss der Belastung eine mit grösser werdendem Durchmesser verbundene, rasche Spannungsverminderung auftritt. Fernerhin ist auch der Einfluss der Länge l des Tragkörpers, oder vielmehr die Streckung $\frac{l}{D}$ in ihrer Wirkung auf die Grösse der entstehenden Spannung deutlich zu erkennen. Man sieht, dass mit Rücksicht auf die auftretenden Grösstspannungen, die proportional zur Länge l und umgekehrt proportional zum Quadrat des Durchmessers D sind, die Streckung des Tragkörpers nicht sehr weit getrieben werden kann. Auch ist deutlich ersichtlich, dass diese Streckung von der in der Lastübertragung erreichten Gleichmässigkeit abhängig ist und daher bei Halbstarrschiffen z. B. etwas weiter getrieben werden kann wie bei Unstarrschiffen, insbesondere bei solchen mit kurzer Gondel.

Die bei der soeben betrachteten Belastungsart durch den zur Formhaltung erforderlichen Innendruck p, mit dem zur Erzeugung der Sicherheitsspannung S_s zusätzlichen Sicherheitsdruck p_s erzeugten Hüllenspannungen, würden bei den üblichen Tragkörpergrössen natürlich viel zu hoch ausfallen. Man wählt daher in der Praxis eine möglichst gleichmässige Verteilung der Last auf den Tragkörper und ordnet die grössten Gewichte da an, wo auch, mit Rücksicht auf die bereits besprochene

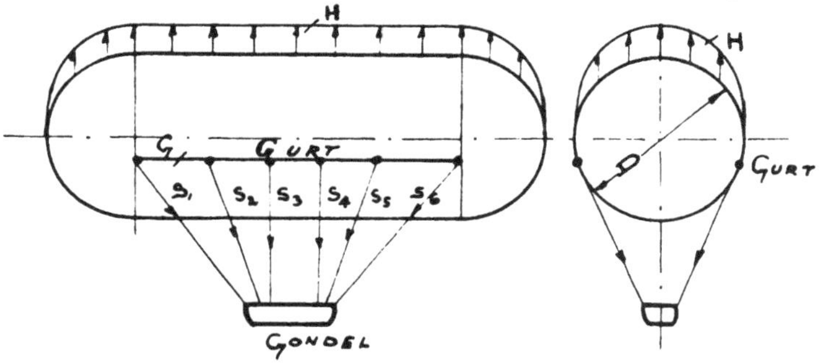

Abb. 29.

Formung hinsichtlich des Luftwiderstandes, die grössten Hubkräfte zu erwarten sind, d. h. ungefähr unter dem grössten Durchmesser. Auf diese Weise erhält man verhältnismässig kleine Überdrucke und geringe Hüllenbeanspruchungen.

Die Belastung des Tragkörpers erfolgt in der Praxis durch die, von der Gondel nach dem Tragkörper zu divergierend verlaufenden Seilsysteme, die Takelung, möglichst in der Weise, dass die senkrechten Teilkräfte (Vertikalkomponenten) der Seilzüge durchweg ungefähr gleich den an der Angriffsstelle vorhandenen Hubkräften sind. Die theoretische Lösung dieser Aufgabe hat keinen praktischen Wert. Man stellt diese Bedingungen daher erst beim Zusammenbau des Ganzen dadurch her, dass man die einzelnen Seilsysteme durch Anziehen oder Nachlassen der Auslaufkabel in der richtigen Weise belastet.

Zur Beurteilung der Querspannungsverteilung dient die Betrachtung, dass die Hubkraft des Füllgases im Scheitel des Tragkörpers am grössten ist und nach den Seiten hin mit der Höhe der tragenden Gassäule abnimmt. (Abbildung 29.)

Die nach oben wirkende Hubkraft ist mit H bezeichnet, während die Gondellast am erwähnten Seilsystem $s_1 \ldots$ bis s_6 aufgehängt ist. Der Tragkörper mit der daran aufgehängten Last ruht daher gewissermassen mit dem Scheitelteil auf dem

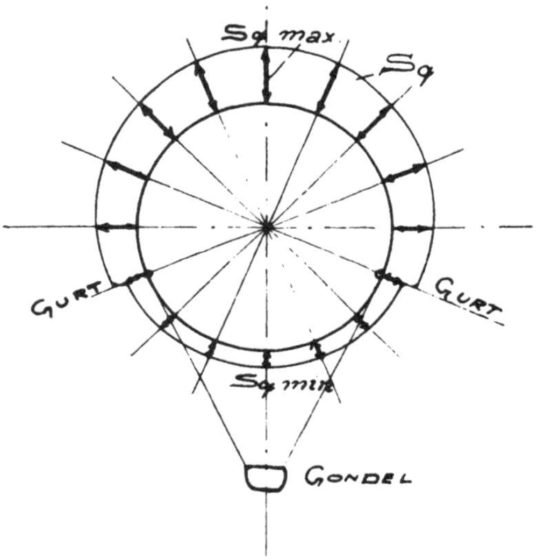

Abb. 30.

von seinem Inhalt gebildeten Gaszylinder. Ein zutreffendes Bild hierzu liefert ein zylindrischer, glatter, in seinem Scheitel gleichmässig unterstützter Metallstab vom Durchmesser D, (Gaskörper), der von einer dünnen, reibungslos aufliegenden, nach allen Seiten zu auseinander gezogenen und stark belasteten Stoffhülle überspannt ist. Die in der Stoffhülle auftretende Spannungsverteilung ist dann eine ähnliche, wie beim gasgefüllten belasteten Tragkörper.

Die Gondellast wird auf den Tragkörper übertragen durch den daran befestigten Traggurt G, einen vorzugsweise an den

Längsseiten, etwas unterhalb der Mitte angeordneten starken Stoffstreifen. Infolge dieser Anordnung sind die über dem Gurt, in der Hülle auftretenden Spannungen durchschnittlich grösser, als die an der Unterseite, also unterhalb des Gurtes auftretenden Hüllenspannungen. Ein Blick auf die Abbildung 30 genügt um das zu erläutern.

Die Querbeanspruchung der Hülle ist bei horizontaler Lage des Tragkörpers in der obersten Mantellinie am grössten und erreicht ihren Grösstwert $S_{q\,max.}$ im Hauptquerschnitt.

Im Scheitel des Hauptquerschnitts tritt bei jedem horizontal gelagerten Tragkörper die grösste Beanspruchung auf, hier liegen die am meisten gefährdeten Stoffbahnen. Nach unten zu nimmt die Querbeanspruchung ab und erfährt im Traggurt eine sprungweise starke Erniedrigung, um schliesslich auf den, lediglich durch den Innendruck p bedingten Spannungswert von $S_{q\,min.} = \frac{D\,p}{2}$ herabzusinken.

In der Abbildung 30 ist ein ungefähres Bild der um den Tragkörper herum strahlenförmig, in Polarkoordinaten aufgetragenen Spannungsverteilung gezeichnet.

Auch in der Verteilung der Längsspannungen treten, hervorgerufen durch die am Gurt aufgehängte Last und die Gurtspannung selbst, besonders in Gurtnähe gewisse Verschiebungen auf, so dass die auftretenden Längsspannungen nur dort ihre, durch den Innendruck bedingten, ungefähren, normalen Werte aufweisen können, wo der direkte Einfluss der Belastung aufhört, also in den ausserhalb des Gurts, nach den Enden des Tragkörpers zu liegenden Teilen. Im Mittelteil des normal belasteten Tragkörpers sind, besonders in Gurtnähe, durchschnittlich etwas geringere Werte für die Längsspannungen zu erwarten.

Bei allen belasteten Tragkörpern der üblichen Formgebung endlich liegen, infolge dieser Belastung die grössten Längsspannungen an der tiefsten Stelle des Hauptquerschnittes, die grössten Querspannungen an der höchsten Stelle und bis zum

Gurt abwärts. Nach den Enden zu nehmen die Spannungen, entsprechend den kleiner werdenden Querschnitten und der Krümmung des Längsprofils allmählich ab. Die in den nicht vom Gurt gefassten Tragkörperenden bestehenden Hubkräfte sind bei richtiger Gurtführung, infolge der in den Zuspitzungen sich stark bemerklich machenden Hüllenlast so gering, dass sie in den an den Gurtenden liegenden Querschnitten keine wesentlichen Erhöhungen in der Längsspannung hervorrufen können.

Endlich sind noch die durch die Luftdruckverschiebungen während der Fahrt, besonders in der Gegend des Hauptquerschnittes und am hinteren Ende auftretenden Erhöhungen der Stoffspannungen und ihre Erniedrigungen am vorderen Teil des Tragkörpers zu erwähnen. Von jenen durch die Luftverdünnungen hervorgerufenen Spannungserhöhungen ist noch wenig bekannt, dagegen lässt sich die Erniedrigung der Stoffspannung in der Nähe der Spitze unter den Nullwert, durch gelegentliches Eindrücken derselben, infolge des vorlastenden Luftdruckes konstatieren.

Anormale Betriebsbeanspruchungen der Hülle.

Die bis jetzt betrachteten und bei normalem Betrieb auftretenden grössten Beanspruchungen der Hülle, sind jedoch keineswegs die unter allen Umständen grösstmöglichen Beanspruchungen der Festigkeit des Hüllenstoffes. Starke Erhöhungen über die normale Beanspruchung hinaus treten beispielsweise auf bei erzwungenen harten Landungen, sei es infolge grosser Gasverluste, oder durch die Wirkung gelegentlich auftretender Fallböen, niederstürzender Regenmassen etc. Starke Beanspruchungen der Hülle können fernerhin auftreten bei Sturmlandungen, besonders in unebenem Gelände, beim Anrennen gegen Gebäude, Bäume oder sonstige Geländevorsprünge, die im Nebel oder in der Dunkelheit übersehen wurden, oder die beim Landen im Wege waren. Während der bei solchen Notlandungen gelegentlich auftretenden Schleiffahrt, setzt die Gondel oft sprungweise heftig auf und überträgt die durch die Bodenberührungen entstehenden momentanen Hemmungen einseitig und stossartig auf den mit dem Winde treibenden Tragkörper.

Liegt eine, durch starke Verminderung der Hubkraft erzwungene, scharfe Landung vor, so folgt in der bereits angedeuteten Weise der Tragkörper infolge des Beharrungsvermögens seiner Massen, der heftig aufsetzenden Gondel eine Strecke weit abwärts, um hierauf sofort wieder hochzuschnellen. Der beste Beweis für die hierdurch entstehende stossartige Beanspruchung des Materials und somit auch des Tragkörpers ist in der zerstörenden Wirkung zu erblicken, welche dadurch zuweilen in der Takelung oder am Gurt angerichtet wird. Solche Zerstörungen bestehen im Abreissen der festvernähten Gurtschlaufen, Einreissen der Gurtnähte und Abspringen des Gurtes, bisweilen in weitestem Masse, sowie in der Sprengung der stählernen 8—10 mm dicken Auslaufkabel mit etwa 4000—5000 kg Bruchfestigkeit.

Auch die Landung bei vollständiger Windstille, kann bei ungünstiger Gestaltung der Verhältnisse zu beträchtlichen Überhöhungen der Betriebsspannungen in der Hülle führen, wie sie während der Fahrt selbst nie, oder nur selten auftreten. Solche Spannungserhöhungen werden veranlasst durch die, bei Schräglagen auftretende, einseitige Gestaltung des Innendrucks und des Zuges der Aufhängung. Sie können beispielsweise eintreten, wenn das Schiff mit abgestellten Motoren, unmittelbar vor der Landung an einem Ende von einer rasch aufsteigenden Luftströmung getroffen wird, oder während der Fahrt in solcher Strömung die Höhensteuerung versagt.

Derartig rasch ansteigende Luftströmungen treten auf bei Gewitterstimmung und über stark von der Sonne bestrahlten Sandflächen, Heiden usw. und die Wirkung dieser, wie aus einem Kamine nach aufwärts wirbelnden Luftmassen wird erhöht, wenn Wasserspiegel oder schattige Waldränder mit ihrer saugenden Abkühlung die erhitzte Stelle umsäumen. Auch an stark geneigten Berghängen, über Bergkämmen usw. treten bei sonnigem Wetter und an windigen Tagen ähnliche, aufwärts gerichtete Luftbewegungen auf, so dass, besonders ein gegen den Wind fahrendes und quer zur Kammrichtung des Gebirges darüber hinwegziehendes Luftschiff auch in beträchtlicher Höhe noch von den aufsteigenden Luftströmen getroffen wird und in stampfende Bewegung gerät. Die Veranschaulichung dieses Vorganges, bei welchem Spitze und Heck des Fahrzeugs wechselweise gehoben oder niedergedrückt werden, ist in Abbildung 31 gegeben. Die durch solche Luftströmungen herbeigeführten

Abb. 31.

Schräglagen können bis zu 30° in der Winkelneigung betragen und darüber hinaus. Sie bedingen sowohl eine einseitige, starke Erhöhung des Innendrucks in den nach oben gerichteten Teilen des Tragkörpers, wie auch eine erhöhte Beanspruchung in den

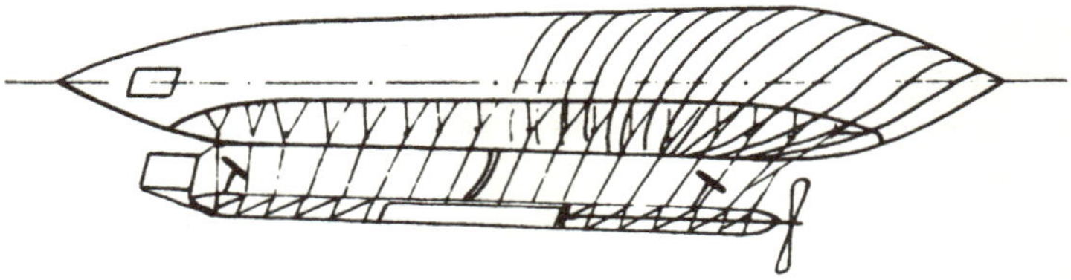

Abb. 32.

von den obersten Seilzügen gefassten Tragkörperquerschnitten. Diesem Umstande hat man dadurch Rechnung getragen, dass man nach dem Vorgang des französischen Langgondelschiffes Adjutant Réau die Nahtführung der Stoffbahnen an der Spitze in die Richtung der entstehenden Spannungen verlegte und die Festigkeit der Hülle auf diese Weise bedeutend erhöhte. (Abbildung 32.)

Eine ungefähre Darstellung der besprochenen Sachlage gibt die Abbildung 33. Die Druckhöhe des Gases an der Spitze des unter 30° aufgerichteten Tragkörpers ist h = l sin 30° und der ungefähre Verlauf der Hüllenspannung nach der S-Kurve, deutet auf die starke Erhöhung der Stoffspannung in der Spitze hin, die bis zu dem doppelten Werte der im Hauptquerschnitt herrschenden Maximalspannungen betragen kann. (Abbildung 33.)

Am ungünstigsten jedoch gestalten sich die Spannungsverhältnisse, wenn der Tragkörper infolge starken Gasverlustes, oder bei versagender Druckhaltung, durch das Sinken des Innendruckes seine Prallform verloren hat und eingeknickt ist,

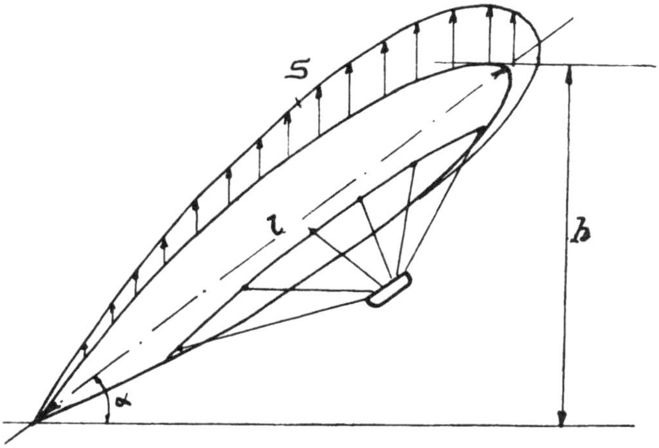

Abb. 33.

so dass das Füllgas bei einer gleichzeitig auftretenden Störung des Gleichgewichtes plötzlich in Bewegung gerät und in den schlaffen Teil einschiesst, oder in die aufwärts stehenden Tragkörperenden hinaufgepresst wird. Diese mit Recht gefürchteten Bewegungsvorgänge in den Gasmassen des Tragkörpers, die man in der Praxis als das „Schiessen des Gases“ zu bezeichnen pflegt, können infolge der durch sie verursachten beträchtlichen Steigerungen des Innendrucks und der Hüllenspannung an den betreffenden Stellen recht gefahrdrohend auftreten. Sie treten indessen selten auf und sind sehr wohl vermeidbar.

Ein gewisser Schutz gegen das Schiessen der Gasfüllung bei Tragkörpern, die gar nicht oder nur ungenügend abgeschottet sind, ist darin zu erblicken, dass auch bei grossen Gasverlusten die Knickung des Tragkörpers sich nicht plötzlich, sondern nur allmählich ausbildet. Der Tragkörper richtet sich in diesem Fall mit dem volumgrössten Vorderteil auf (Halbstarrschiffe), oder er knickt ein in der Mitte, also ungefähr an der Stelle seiner grössten Belastung (unstarre Kurzgondelschiffe) und beharrt in dieser Lage, worauf die Landung zu bewerkstelligen ist. Bei grossen Verletzungen der Hülle jedoch, besonders an den sich aufrichtenden, unter Spannung tretenden Hüllenteilen, kann durch den austretenden Gasstrom die Stoffbeanspruchung an der Reisstelle eine so grosse werden, dass ein Weiterreissen unvermeidlich erscheint und die Gefahr des Absturzes eintritt. Die gegen die soeben berührten Spannungssteigerungen und Gefahren wirksame Abschottung der Hülle durch Querwände soll späterhin noch genauer besprochen werden.

Man erkennt, dass die ganze Belastungsart der Tragkörper, jener dünnwandigen und empfindlichen Stoffblasen, sowie die Verteilung und Gestaltung der hervorgerufenen Hüllenspannungen, ihrer Natur nach eine in hohem Masse ungünstige und komplizierte ist. Rechnerisch schwierig zu erfassen, bietet sie auch konstruktiv ein immer nur mit einer gewissen Unvollkommenheit zu lösendes Problem dar und ist zum Überfluss während des Betriebes den besprochenen unvermeidlichen Schwankungen ausgesetzt, die nicht gerade geeignet sind die Betriebssicherheit zu steigern.

Es ist daher angezeigt, in der normalen Beanspruchung der Hülle nicht zu weit zu gehen und auf Vorrichtungen zu sinnen, welche, im Verein mit einem durch die Stoffestigkeit bedingten Sicherheitsgrad, gegen die Zerstörung der Hülle gerichtet sind.

Abschnitt X.

Der Innendruck und seine Vorausbestimmung. Die Bruchsicherheit der Hülle. Das Grundsätzliche der Lastübertragung.

Die während des Betriebes herrschende Gaspressung des Tragkörpers, der Innendruck oder der Betriebsdruck wirkt an allen Stellen normal zur Hüllenoberfläche, die er ausspannt und stetig nach aussen zu drücken sucht. Ein derart ausgespannter Tragkörper verhält sich schon bei verhältnismässig geringem innerem Überdruck, wie die hierüber angestellten zahlreichen Versuche an Modellkörpern, sowie auch der praktische Betrieb selbst erweisen, nicht mehr wie eine unstarre Stoffhülle, sondern er hat vollständig die Eigenschaften eines starren Hohlbalkens angenommen. Ein solcher, durch den Innendruck p seiner Gasfüllung starr gehaltener Hohlbalken, (Abbildung 34) besitzt einen ringförmigen Querschnitt von sehr dünner Wandung, (Stoffdicke δ), im Vergleich zu seinem Durchmesser D. Er besteht aus einem Material von geringem Gewicht, bei hoher

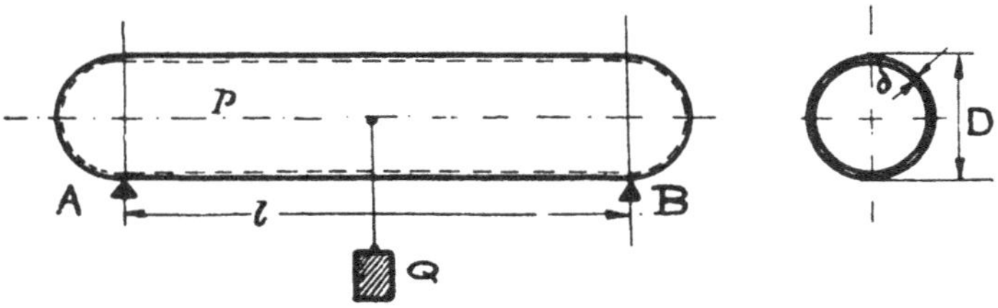

Abb. 34.

Bruchfestigkeit und er kann, da seine Längsfasern dauernd unter Zug stehen, belastet werden wie ein starrer Hohlbalken, ohne nennenswerte Formänderungen zu erleiden.

Abbildung 34 zeigt einen in seiner Mitte durch das Gewicht Q belasteten und an seinen äussersten Enden A und B unterstützten, durch den Innendruck p versteiften, zylinderförmigen Langballon. Anordnungen der Belastung wie die gezeichnete, liegen naturgemäss so ungünstig nie vor in der Praxis, denn die Hubkraft des Gases sowohl wie auch der Lastangriff von Hülle und Gondel sind über die ganze Länge des Tragkörpers möglichst gut verteilt angeordnet. Doch mag die durch die Abbildung bezeichnete Anordnung immerhin dienen, als ein Beispiel für die Erläuterung der dabei entstehenden Beanspruchungen des Hüllenstoffes und der zur Prallhaltung erforderlichen Höhe des Innendruckes, d. h. des Überdruckes der Gasfüllung über den Atmosphärendruck. Für den gezeichneten

Langballon vom Durchmesser D, der freitragenden Länge l, mit der in der Mitte angeordneten Last Q, ergibt sich für die Ballonmitte ein Maximalbiegungsmoment von $M_{max} = \frac{Q\,l}{4}$, welches den durch den Innendruck p erzeugten Stoffspannungen S_l und S_q entgegenarbeitet und, wie wir sahen zur Knickung führt, sobald der Wert von p unter einen gewissen kritischen Wert $p_{min.}$ herabsinkt, oder die Belastung eine zu hohe wird. Der Mindestwert $p_{min.}$ des erforderlichen Innendruckes ergibt sich bei gegebener Belastung Q aus der bereits erörterten Formel

$$Q = \frac{4}{5} \; \frac{D^3}{l} \cdot p_{min.}$$

zu

$$p_{min.} = \frac{Q\,l}{4} \cdot \frac{5}{D^3}$$

oder allgemein

zu

$$p_{min.} = M_{max.} \, \frac{5}{D^3} = \frac{5 \, . \, M_{max.}}{D^3} \, .$$

Ganz allgemein gilt fernerhin diese Beziehung auch für jede andere Art der Belastung, welche in Verbindung mit der nach aufwärts wirkenden Hubkraft des Gases auftritt[1]). Sie kann daher auch verwandt werden zur Vorausbestimmung des Innendruckes $p_{min.}$, sowie der durch ihn veranlassten Hüllenspannungen, sofern für die auftretenden Belastungsarten eben die Aufstellung des Maximalbiegungsmomentes möglich ist.

Der zur Formwahrung erforderliche Innendruck p_{min} ist, wie die Formel $p_{min} = \frac{Q\,l}{4} \cdot \frac{5}{D^3}$ zeigt, abhängig von der Grösse der Belastung Q, und der Länge l in der ersten, ferner vom Durchmesser D des Tragkörpers in der dritten Potenz. Er ist abhängig von der Grösse der Streckung $\frac{l}{D}$, von der Form und naturgemäss auch von der Beschaffenheit der Lastübertragung. Langgestreckte Tragkörperformen, mit einer in der Mitte stark konzentrierten Anordnung der Belastung, bedingen bei ihrem nach vorn und hinten weit auslaufenden und stark

---

[1]) Vergl. hierzu „Eberhardt, Theorie und Berechnung von Motorluftschiffen", S. 108. M. Krayn, Berlin 1912.

divergierenden Seilangriff der Takelung verhältnismässig hohe Innendrucke, deren grösster Teil dazu dient, die durch die Seilzüge a und b hervorgerufenen Achsialkräfte h_a und h_b auszugleichen. (Abbildung 35.)

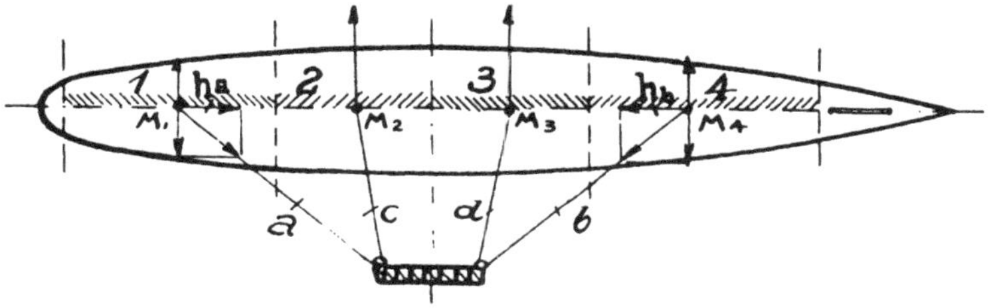

Abb. 35.

Hohe Innendrucke aber verursachen eine starke Beanspruchung des Hüllenstoffes und machen bei einem gewissen Sicherheitsgrad die Anwendung schwerer Hüllenstoffe erforderlich, ein Umstand, der geeignet ist das Gewicht der langgestreckten Tragkörper, aber auch der unstarren Kurzgondelschiffe trotz des Fehlens vieler starrer Teile der letzteren wesentlich zu erhöhen. Bei kurzen und gedrungen gebauten Tragkörpern von verhältnismässig grossem Durchmesser und kleiner Streckung sind naturgemäss geringere Innendrucke ausreichend, dagegen fällt bei gleicher Grösse in der Regel auch bei diesen die Beanspruchung des Hüllenstoffes wegen der Grösse des Durchmessers ebenfalls nicht wesentlich niederer aus. Beispiele für die hier gedachten verschiedenartigen, scheinbar ganz entgegengesetzten Verhältnisse sind das dreigondelige, langgestreckte Siemens-Schuckert-Luftschiff (13000 Rm Gasinhalt) mit einer Streckung von ca. 9 und das neue Militärluftschiff P III der Parsevalbauform (10000 Rm Gasinhalt), mit einer Streckung von nur etwa 5,7, bei einem Durchmesser von 15 m. Bei beiden Schiffen war, obwohl ihre Betriebsdrucke nicht gerade sehr hoch sind, die Verwendung eines schweren dreifachen Hüllenstoffes erforderlich. Tragkörper von der erst beschriebenen, langgestreckten Formgebung haben geringeren Luftwiderstand wie die hierin etwas weniger günstig gestellten, gedrungenen Tragkörperformen. Hieraus folgt, dass auch mit

Rücksicht auf einen möglichst geringen Fahrwiderstand, soweit er abhängt von der Streckung und Profilgebung des Tragkörpers, eine möglichst gute und gleichmässige Übertragungsart der Gondellast auf den Tragkörper von grossem Vorteil ist. Diese Erkenntnis war es denn auch, die im Verein mit dem bei gleicher Stoffschwere besseren Sicherheitsgrad der Hülle gegen Bruch, notwendig zur Verwendung sowohl der Gerüstkonstruktionen der Halbstarrschiffe, wie auch der Langgerüste der Langgondelschiffe führen musste.

Da der Innendruck p, wie schon aus den einfachen, für den unbelasteten Langballon geltenden Spannungsformeln

$$S_l = \frac{Dp}{4} \text{ und } S_q = \frac{Dp}{2}$$

hervorgeht, massgebend ist für die Grösse der auftretenden grössten Stoffspannungen S_q, so ist zu deren Ermittelung die Vorausbestimmung des zur Prallhaltung erforderlichen Innendruckes für jede ins Auge gefasste Neukonstruktion von grundlegender Wichtigkeit. Sie erfolgt vor Inangriffnahme der Konstruktionsarbeiten selbst, liefert die Bruchfestigkeit und damit das Gewicht des zu wählenden Hüllenstoffes.

Jede Hülle muss in bezug auf ihre Bruchfestigkeit naturgemäss eine gewisse, genau bekannte Sicherheit besitzen. Diese Sicherheit ist, in Anbetracht der bei grösseren Hüllenverletzungen eintretenden hohen Gefahr, auch hinreichend hoch zu bemessen. Für eine nicht zu knapp zu bemessende Sicherheit spricht fernerhin auch der Umstand, dass die Stoffbeanspruchungen, wie wir sahen, oft weit über die normale und gewöhnlich in Rechnung gezogene Beanspruchung hinausgehen. Auch bleibt die Hülle nicht ewig neu und verliert, wie in dem die Hüllenstoffe behandelnden Abschnitt zu zeigen sein wird, durch den Gebrauch bei Wind und Wetter verhältnismässig rasch an Elastizität und Festigkeit. Bezeichnet man mit S_q die errechnete höchste Stoffspannung, die normalerweise im Scheitel des grössten Querschnittes auftritt und gleich der grössten Zugspannung in der untersten Mantelfaser ist. Ist ferner f die durch Versuche auf der Zerreissmaschine ermittelte Stoffestigkeit pro lfd. Meter, so ist der Sicherheitsgrad

$$s = \frac{f}{S_q}$$

und es gilt die Beziehung $S_q \cdot s = f$. In Worten, die höchste Beanspruchung der Hülle, multipliziert mit dem Sicherheitsgrad ergibt die Bruch- oder Reissfestigkeit.

Hier muss vorausgeschickt werden, dass die tatsächliche Bruchfestigkeit des in die Hülle eingenähten Stoffes unter dem Einflusse des Innendruckes in der Regel beträchtlich höher zu sein pflegt, wie die auf der Zerreissmaschine festgestellte, und dass der wirkliche Sicherheitsgrad deswegen auch höher ist, wie der aus derartigen Versuchsergebnissen errechnete.

Bei einer Stoffestigkeit von 1300 kg pro lfd. Meter z. B. darf, wenn der Sicherheitsgrad 10 betragen soll, die Höchstbeanspruchung des Hüllenstoffes an keiner Stelle der Hülle die Beanspruchung von 130 kg überschreiten. *Für Fahrzeuge, die auch bei schlechtem Wetter verkehren sollen und auf längere Lebensdauer berechnet sind, erscheint ein Sicherheitsgrad von 8—10 durchaus angebracht.* Im allgemeinen sind aber die Sicherheitsgrade von vielen der heute im Betriebe befindlichen Tragkörperhüllen nicht so gross und man geht damit, um an Gewicht zu sparen, gelegentlich sogar bis auf *ca. 5 herab, eine Sicherheit, die eigentlich viel zu gering ist.*

Unter der Höchstbeanspruchung der Tragkörperhülle ist, wie hervorgehoben werden muss, bei einem im Betriebe befindlichen Luftschiff, nicht lediglich die dem Mindestmass $p_{min.}$ des Innendruckes entsprechende Scheitelspannung des Hauptquerschnittes zu verstehen, sondern die um einen gewissen Spannungsbetrag S_s, die sogenannte Sicherheitsspannung, erhöhte maximale Scheitelspannung. Diese Sicherheitsspannung S_s wird erzeugt durch einen über das notwendig erforderliche Mindestmass des Pralldruckes $p_{min.}$ hinausgehenden, zusätzlichen Anteil p_s des Innendruckes, den Sicherheitsdruck, so dass der Betriebsdruck p des Tragkörpers gleich ist dem um den Sicherheitsdruck vermehrten Pralldruck, $p = p_{min.} + p_s$. Der Sicherheitsdruck sichert, wie bereits berührt, die Formhaltung des Tragkörpers während der unvermeidlichen betrieblichen Schwankungen des

Innendruckes, der sich nicht immer genau einhalten lässt. Derartige Druckschwankungen der Füllung und die mit ihnen verbundenen Spannungsschwankungen im Hüllenstoff können eintreten z. B. beim Betriebe der Druckhaltungsanlage, bei allen Steuerausschlägen, unter dem Einflusse des vortreibenden Schraubenschubes, bei Brüchen in der Takelung, ferner bei jedweder Belastung des Tragkörpers durch Feuchtigkeit, Eis- oder Schneeanflug etc.

Fernerhin kann man sich auch die durch die Belastung in der Querrichtung des Tragkörpers hervorgerufenen Zug- und

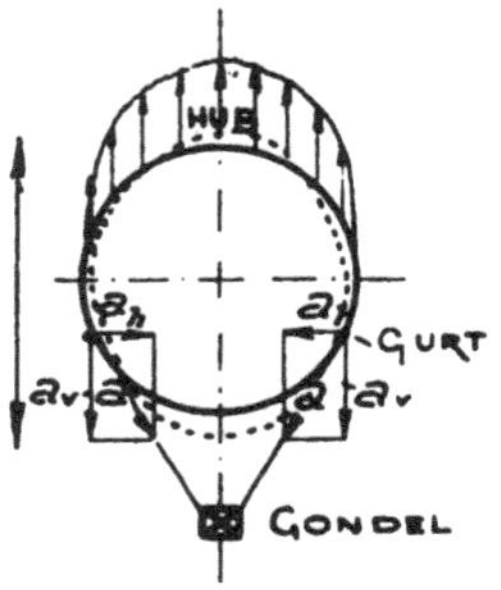

Abb. 36.

Biegungsbeanspruchungen, die auf die Beanspruchung in der Längsrichtung natürlich nicht ohne Einfluss sind, durch die Sicherheitsspannung gedeckt denken. Abbildung 36 zeigt, nach Zerlegung der Seilzüge a—a das Schema der in der Querrichtung wirkenden Kräfteverteilung, die an der Formänderung des Tragkörperquerschnittes arbeitet und ihn länglich zu gestalten sucht.

Die Grösse des zu wählenden Sicherheitsdruckes hängt ab von den Betriebsverhältnissen, der Lastaufhängung, der Form, dem Stoffgewicht der Hülle, dem Steuerdruck und lässt sich theoretisch im voraus natürlich nicht festlegen. Er ergibt sich jedoch sehr bald aus den Erfahrungen beim praktischen Betrieb. Es handelt sich hierbei meist nur um Druckbeträge von etwa 20—30 % des mindest erforderlichen Pralldruckes $p_{min.}$, also um Druckhöhen von etwa 4—8 m/m Wassersäule.

Der Innendruck wirkt erwiesenermassen auf die Hülle

dehnend ein und setzt dadurch, wenn auch nur in geringem Masse, ihre Gasdichtigkeit herab, fernerhin bildet er bei allen Verletzungen für die Hülle ein gewisses gefährdendes Moment. Man lässt ihn daher, wenn das Schiff in der Halle liegt und die Gondeln am Boden stehen, nahezu auf Null sinken. Bei sehr gutem Lastausgleich, wie ihn das Siemens-Schuckert-Luftschiff z. B. besitzt, soll die Prallform unter diesen Druckverhältnissen sogar noch bei voller Gondellast aufrecht zu erhalten sein. Diese Erscheinung bei dem erwähnten Luftschiff wird erklärt durch die Formänderung des Tragkörpers in der Querrichtung, unter dem Einfluss der Belastung, besonders bei geringem Innendruck, in der in die Abbildung punktiert ein-

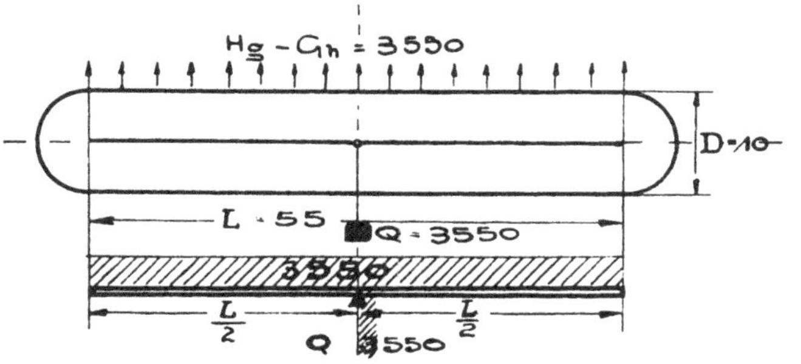

Abb. 37.

getragenen Weise und die versteifende Wirkung der Stoffbahnen selbst. Beide Vorgänge tragen bei zur Erhöhung des Widerstandsmomentes des Tragkörperquerschnittes und erleichtern damit gleichzeitig auch die Prallhaltung. Abgesehen von dem Siemens-Schuckert-Luftschiff, das keine derartige Einrichtung besitzt, wird bei zahlreichen anderen Luftschiffen der während des Liegens in der Halle erforderliche geringe Innendruck dadurch gewahrt, dass man ihre Tragkörper anschliesst an einen unter dem gewünschten Druck stehenden ballonartigen Durchgangsbehälter, die Amme, welche ihrerseits mit den Wasserstoffflaschen in direkter Verbindung steht.

Um zunächst einmal zu zeigen, um welche Drucke es sich bei den verschiedenen Lastanordnungen an Ballontragkörpern handelt, sind in den folgenden einfachen Beispielen die Innendrucke berechnet, die bei einem zylinderförmigen Langballon von etwa 4300 Rm. Gasinhalt aufrecht zu erhalten sind zur Wahrung der Prallform.

Abbildung 37 stellt einen derartigen Langballon vor, der mit Wasserstoff gefüllt frei aufschwebt und durch eine in seiner Mitte angreifende Last Q im Gleichgewicht gehalten wird. Der Durchmesser D des Ballons sei 10 m, seine Länge L, auf welcher die Hubkraft des Gasinhaltes gleichmässig verteilt angreift, 55 m. Die Grösse des Gashubes ergibt sich, bei einer Hubkraft von 1,1 kg pro Rm. Gas, zu

$$H_g = \frac{D^2 \pi}{4} \cdot L \,.\, 1{,}1 = \frac{100 \,.\, 3{,}14}{4} \cdot 55 \,.\, 1{,}1 \sim 4750 \text{ kg.}$$

Berechnet man das ebenfalls über die ganze Länge des Ballons gleichmässig verteilte Hüllengewicht zu etwa ¹/₄ des Gashubes, also zu

$$G_h = \frac{H_g}{4} = \frac{4750}{4} \sim 1200 \text{ kg,}$$

so ergibt sich Q, die das Aufsteigen verhindernde Last zu

$$Q = H_g - G_h = 4750 - 1200 = 3550 \text{ kg.}$$

Das Maximalbiegungsmoment liegt bei dieser Belastung, wie das in der Abbildung gezeichnete Belastungsschema zeigt, in der Ballonmitte und ergibt sich zu

$$M_{max.} = \frac{H_g - G_h}{2} \cdot \frac{L}{2 \,.\, 2} = \frac{3550 \,.\, 55}{8} \sim 2440 \text{ mkg.}$$

Fernerhin ist, da allgemein

$$p_{min.} = \frac{5 \,.\, M_{max.}}{D^3},$$

der dieser Belastung entsprechende Innendruck

$$p_{min.} = \frac{5 \,.\, 2440}{10^3} \sim 122 \text{ kg/qm, entsprechend} \sim 122 \text{ m/m Wasser-}$$

säule.

Dieser Innendruck hat für die Hülle eine Querspannung, bzw. grösste Zugspannung in der untersten Faser im Gefolge von

$$S_q = \frac{Dp}{2} = \frac{10 \,.\, 122}{2} \sim 610 \text{ kg}$$

pro m lfd. Stofflänge. Die sich gegen Bruch ergebende Sicherheit s beträgt mithin

$$s = \frac{f}{S_q} = \frac{1300}{610} \sim 2{,}1,$$

also etwas mehr wie 2. Sie ist naturgemäss durchaus unzureichend. Man sieht aber schon aus dieser kurzen Betrachtung, dass selbst bei der im Beispiel angenommenen ungünstigsten Belastungsart, wie sie auch bei der denkbar schlechtesten Takelung praktisch nie auftreten kann, die Bruchgrenze des verwandten Hüllenstoffes nicht annähernd erreicht wird.

Ein von dem soeben behandelten etwas abweichender Belastungsfall ist dargestellt in Abbildung 38.

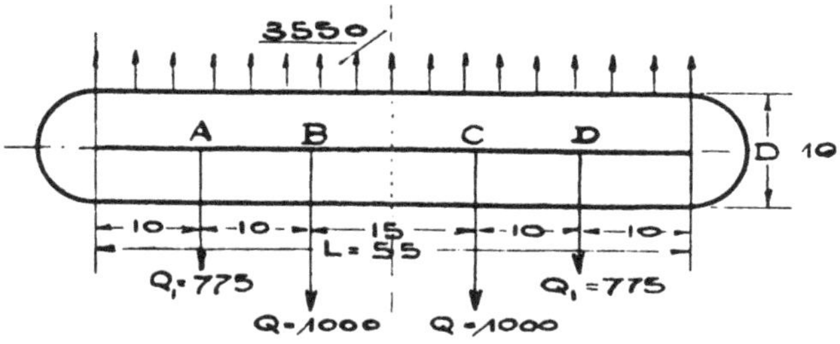

Abb. 38.

Die Last von $2(Q + Q_1) = 2(1000 + 775) = 3550$ kg ist diesmal nicht in der Mitte konzentriert angeordnet, sondern in einer den Fällen aus der Praxis mehr entsprechenden Weise auf die Punkte A, B, C und D verteilt aufgehängt gedacht. Das Maximalbiegungsmoment ergibt sich zu

$$M_{max.} = 775(10 + 7{,}5) + 1000 \,.\, 7{,}5 - \frac{3550}{2} \cdot \frac{55}{4} \sim 3344 \text{ mkg}.$$

Der zur Prallhaltung erforderliche Innendruck beträgt

$$p_{min.} = \frac{5 \,.\, M_{max.}}{D^3} = \frac{5 \,.\, 3344}{1000} = 16{,}7 \sim 17 \text{ kg/qm},$$

entsprechend 17 m/m Wassersäule.

Als grösste Hüllenspannung ergibt sich

$$S_q = \frac{Dp}{2} = \frac{10 \,.\, 17}{2} = 85 \text{ kg/m}.$$

Die Bruchsicherheit beträgt mithin

$$s = \frac{f}{S_q} = \frac{1300}{85} \infty 15.$$

Eine solche Bruchsicherheit ist bei der betrachteten Belastungsart eine sehr hohe und über das praktisch Erreichbare weit hinausgehend. Sie ist so günstig ausgefallen, weil die bei jeder Übertragung der Last auf den Tragkörper auftretenden wagerechten Teilkräfte der schieflaufenden Seilzüge ausser Berücksichtigung gelassen wurden. Diese in der Achsenrichtung

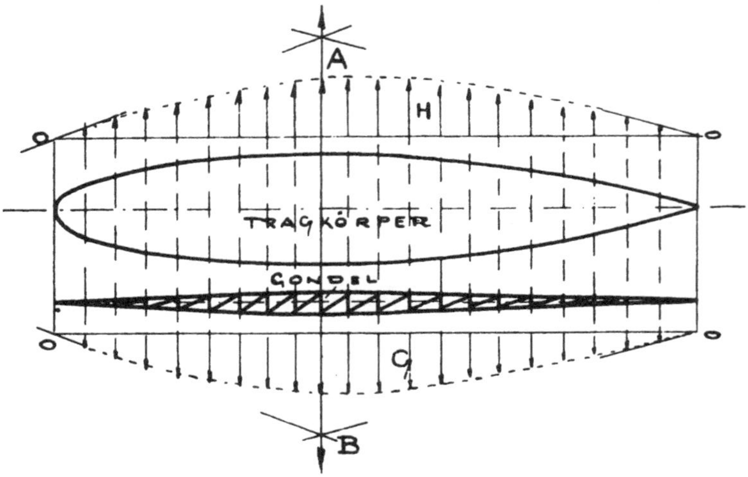

Abb. 39.

des Tragkörpers wirkenden Teilkräfte h suchen den Stoffbalken des Langballons zusammenzudrücken, ihn auf Knickung beanspruchend. Sie müssen durch die entgegengesetzt wirkende Druckkraft p der Gasfüllung ausgeglichen werden. (Abbildung 35.)

Auch die am Tragkörper auftretenden Biegungskräfte werden sehr klein, infolge der gleichmässigen Lastübertragung, und können bei sachgemässer Ausführung derselben leicht ganz zum Verschwinden gebracht werden. In der Abbildung 39 sind die Hubkräfte H der entsprechenden Teile einer der üblichen Tragkörperformen senkrecht zur Achse nach oben wirkend aufgetragen, die Seilzüge G der Langgondel in entgegengesetzter Richtung. Bei der Aufrüstung ist durch entsprechendes Anziehen der Hauptttragkabel dafür zu sorgen, dass die Seilzüge sich über die ganze Gondellänge hinweg ausgleichen mit den ihnen gegenüber wirkenden Hubkräften, so dass im Tragkörper selbst keine biegenden Kräfte mehr auftreten können. Die Maximalbiegungsmomente beider Kraftsysteme wirken in der Senkrechten A B, gleich und einander entgegengesetzt. Die Konstruktion der Gondel ist, abgesehen von ihrer Maschinenlast, dem Belastungsschema entsprechend durchzuführen, d. h. die grösste Höhe ihres Gittergerüstes befindet sich in der Nähe von A B.

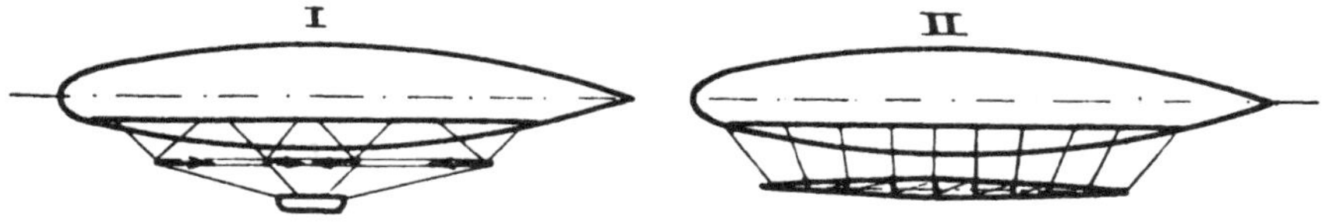

Abb. 40.

Zur Aufrechterhaltung der Prallform genügt bei allen derartigen Schiffen, wenn sie nicht in Fahrt sind, ein ganz geringer Gasdruck.

Bei den Unstarrschiffen mit kurzer oder halblanger Gondel jedoch, lässt sich durch keine irgendwie geartete Anordnung der Takelung etwa das Auftreten der besprochenen Druckkräfte und ihr Ausgleich durch den Tragkörper vermeiden, ein Umstand, der mit den daraus sich ergebenden etwas höheren Betriebsdrucken mit in Kauf genommen werden muss. Um nun auch hier die Lastverteilung zu einer möglichst günstigen zu gestalten und dadurch zu geringen Innendrucken zu gelangen, geht man beim Entwurf der Takelung aus von folgenden Grundsätzen:

1. Man denkt sich der Abbildung 35 entsprechend, den Balloninhalt durch Ebenen senkrecht zur Längsachse zunächst in soviel Abteilungen 1, 2, 3, 4 unterteilt, so viel Hauptkabel a, b, c, d vorhanden sind und trifft die ganze Anordnung so, dass die Rauminhalte, oder besser gesagt, die Hubkräfte der Abteilungen 1, 2, 3, 4 usw. gleich sind den senkrecht wirkenden Teilkräften der von ihnen mit ihren Verästelungen getragenen Seilzüge.

2. Fernerhin legt man die Takelung grundsätzlich so an, dass die Richtungslinien der Hauptkabelpaare a, b, c, d durch die Verdrängungs- oder Auftriebsmittelpunkte M_1, M_2, M_3 und M_4 der durch sie gefassten Ballonabteilungen hindurchgehen.

Auf diese Weise gelingt es, besonders bei allen praktisch brauchbaren Tragkörperformen, bei denen die Hubkraft über der Gondel verhältnismässig am grössten ist, auch bei der kurzgondeligen unstarren Bauweise, die auf die Hülle einwirkenden biegenden Kräfte auf ihr kleinstes Mass herabzudrücken. Fernerhin wird man, um die Anlage nach den soeben aufgestellten Grundsätzen durchführen zu können, den Tiefhang der Gondel nicht zu klein bemessen und ihre Länge der Hubkraft der über ihr befindlichen Ballonteile anzupassen haben.

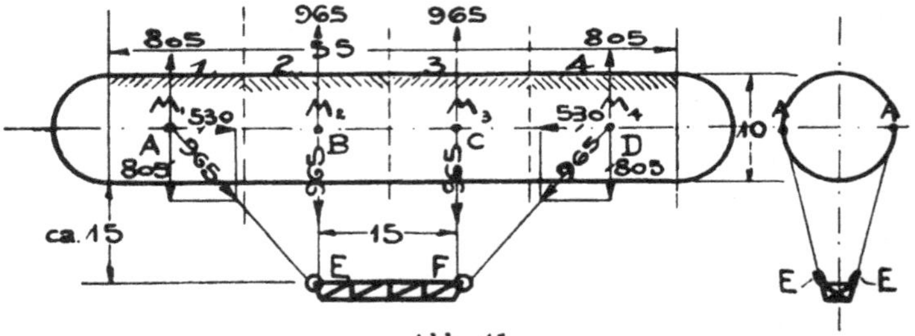

Abb. 41.

In den Abbildungen 41 und 42 sind die Gondellasten in der unter 1 und 2 besprochenen und für kleine Luftschiffe geeigneten Weise, an einem Langballon von der bis jetzt betrachteten Grösse ungefähr aufgehängt. Im ersten Falle mögen die Hauptkabelpaare doppelseitig angreifen in den Punkten AA, BB, CC und DD und beiderseitig an der Gondel über die Rollenpaare EE und FF geführt sein, so dass bei einer Gondellast von z. B. 3540 kg, sich diese Last zu je 965 kg auf jedes der vier Kabelpaare gleichmässig verteilen kann. Der Einfachheit wegen, seien die in den einzelnen Seilpaaren wirkenden Belastungen zusammengefasst zu vier in der senkrechten Ballonmittelebene wirkenden Lasten von je 965 kg. Die Länge der Gondel (15 m) und der Abstand des oberen Gondelrandes vom Tragkörper ist so gewählt, dass die in den Mittelpunkten M_1,

M_2, M_3 und M_4 der einzelnen Ballonabteilungen vereinigt gedachten Hubkräfte und die senkrechten Teilkräfte der Seilzüge sich gegenseitig ausgleichen. Es ergibt sich ein Maximalbiegungsmoment von

$$M_{max} = 805 \,.\, 21{,}3 - 805 \,.\, 21{,}3 + 965 \,.\, 7{,}5 - 965 \,.\, 7{,}5 = 0$$

und es bleiben daher zum Ausgleich für den Innendruck nur noch die in der Achsenrichtung wirkenden wagrechten Teilkräfte der schiefen Seilzüge übrig. Der Innendruck $p_{min.}$ folgt aus der Beziehung

$$\frac{D^2\pi}{4} \cdot p_{min.} = 530 \text{ zu } p_{min.} = \frac{530 \cdot 4}{\pi\, D^2} = \frac{530 \cdot 4}{3{,}14 \cdot 100} \sim 7 \text{ kg/qm},$$

entsprechend $\sim$ 7 m/m Wassersäulendruck.

In gleicher Weise günstig gestaltet sich die Stoffbeanspruchung und der Sicherheitsgrad. Weniger erfreulich wirkt jedoch der Umstand, dass zum Ausgleich der Biegungsbeanspruchung sowohl die Länge der Gondel, wie auch ihr Abstand vom Tragkörper, beide zu 15 m, also reichlich gross zu wählen waren. Infolgedessen wird die Gesamtbauhöhe für das Luftschiff eine unerwünscht grosse, fernerhin fällt die Gondel wegen ihrer Länge ziemlich schwer und unhandlich aus. Das Verhältnis zwischen der Länge des Tragkörpers (55 m) und der der Gondel (15 m) beträgt im vorliegenden Falle ungefähr 3,7. Bei den eigentlichen Kurzgondelschiffen sollte es nicht unter etwa 6 ÷ 7 herabgehen. Es schwankt bei den Unstarrschiffen Parsevalscher Bauform zwischen den Zahlen 10 und 7 und geht nur in einem Falle, bei dem neuerdings zur Ablieferung gekommenen grossen Militärluftschiff P III (1911/12, 10000 Rm.) mit seiner 14 m langen Gondel auf etwa 6,1 herab. Bei den mit ausgesprochen kurzen Gondeln ausgestatteten halbstarren Militärluftschiffen M I ÷ M III des preussischen Luftschifferbataillons beträgt es zwischen 10 und 12. Was die als Bauhöhe bezeichnete Entfernung anbetrifft zwischen dem untersten Gondelrande und dem höchsten Punkte des Tragkörpers, so ist eine möglichste Verringerung derselben mit Rücksicht auf die lichte Höhe der Hallen und aus verschiedenen anderen, noch zu besprechenden Gründen von grossem Werte. Man wird daher, insbesondere bei grossen Luftschiffen, bei denen sich die Verwendung eines besonders starken und schweren Hüllenstoffes meist doch nicht umgehen lässt, die Gondel so nahe wie irgend möglich an den Tragkörper heranzuziehen versuchen. Durch eine auf diese Weise erreichte und trotz des grossen Tragkörperdurchmessers (15 m) verhältnismässig geringe Bauhöhe von 22 m, zeichnet sich der oben erwähnte eingondelige P III aus, bei welchem die Gondel bis auf 5,7 m an den Tragkörper herangezogen ist.

Rückt man im vorliegenden Beispiel also die Gondel näher an den Tragkörper heran, bis auf etwa 8 m Abstand von diesem

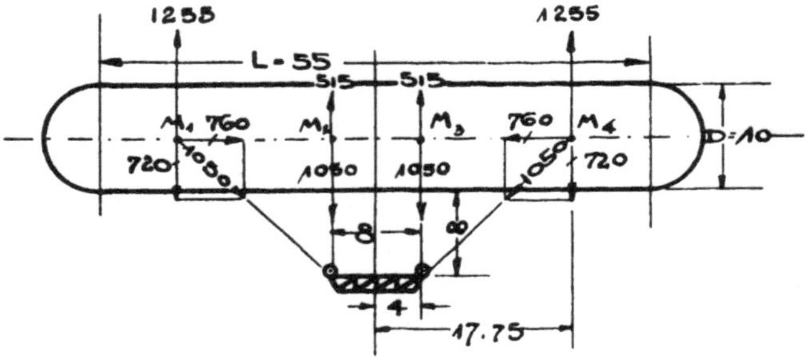

Abb. 42.

und verkürzt auch ihre Länge auf ebenfalls etwa 8 m (Abbildung 42), so ergibt sich das neue Maximalbiegungsmoment zu $M_{max.} = 720 . 17{,}75 - 1255 . 17{,}75 + 1050 . 4 - 515 . 4 = 7356$ m kg.

Ferner folgt der zur Formhaltung gegen dieses biegende Moment erforderliche Innendruckanteil p_1 zu

$$p_1 = \frac{5 . 7356}{1000} \sim 36{,}7 \text{ kg/qm}.$$

Hierzu kommt, zum Ausgleich der durch die schiefen Seilzüge hervorgerufenen wagerechten Teilkräfte von 760 kg ein Gasdruck von

$$p_2 = \frac{760 . 4}{\pi D^2} = \frac{760 . 4}{3{,}14 . 100} = 9{,}7 \text{ kg/qm}.$$

Beide Druckanteile ergeben als Pralldruck einen gesamten Innendruck von $p_{min.} = p_1 + p_2 = 36{,}7 + 9{,}7 = 46{,}5$ kg/qm, entsprechend einem Wassersäulendruck von 46,5 m/m. Ferner folgt $S_q = \frac{10 . 46,5}{2} = 232,5$ kg/m als grösste Stoffspannung und $s = \frac{1300}{232,5} \sim 5,5$ als Bruchsicherheit bei einer Stoffestigkeit von 1300 kg/m. Die ungünstige Gestaltung der Sicherheit ist, wie der Vergleich mit dem vorigen Beispiel lehrt, eine bemerkenswerte und wurde herbeigeführt durch die Verkürzung der

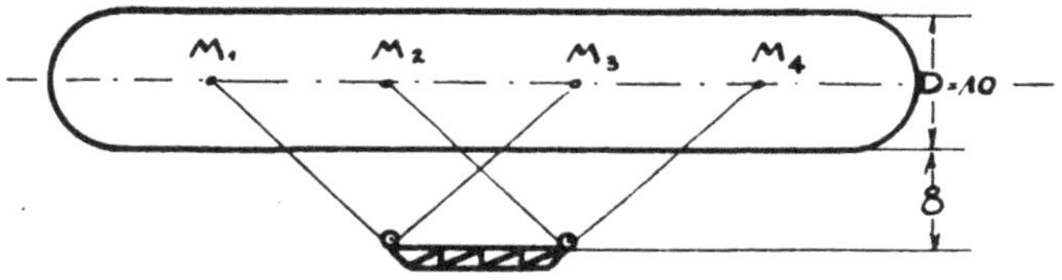

Abb. 43.

Gondel und Verkleinerung des Tiefhanges, bzw. der Gesamtbauhöhe.

Hieraus folgt der Grundsatz: Tiefhängende und langgestreckte Gondelanordnung, bei kurzem Ballon, erfordert zu dessen Prallhaltung geringe, hochgezogene und kurze Gondel-

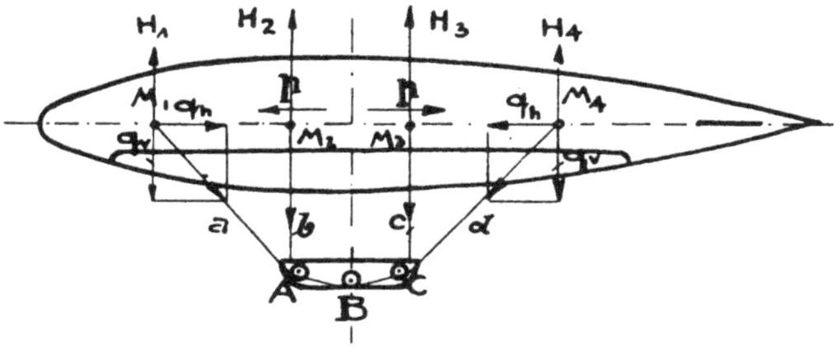

Abb. 44.

anordnung dagegen, insbesondere bei langem Ballon, hohe Innendrucke. Alle praktisch brauchbaren Tragkörper, insbesondere solche, welche in ihren mittleren Teilen nicht zylinderförmig sind, sondern hier eine ausgesprochene Verdickung besitzen, sind auch hinsichtlich des Tiefhanges und der Länge ihrer Gondel günstiger gestellt wie die zylinderförmigen.

Besser gewählt wie die soeben besprochene Anordnung

hinsichtlich der Höhe des erforderlichen Innendruckes, ist die in Abbildung 43 dargestellte Gondelaufhängung.

Die belasteten vier Tragseilpaare sind wiederum an der Gondel über Rollen geführt und führen mit ihrer Richtung durch die Hubkraft- oder Auftriebsmittelpunkte $M_1 \div M_4$.

Endlich ist noch die bei den Parsevalschiffen grundsätzlich durchgeführte und der in Abbildung 35 gezeichneten, äusserlich ähnliche Anordnung der Lastaufhängung zu erwähnen. Sie eignet sich sehr gut für alle Tragkörperformen, die verhältnismässig kurz sind und eine stark gekrümmte Kurve als Erzeugende besitzen. (Abbildung 44.)

Die Gondel ist aufgehängt an die Leinenpaare $b \div b$ und $c \div c$, welche fest mit der Gondel verbunden sind und den grössten Teil der Last tragen, sowie an die schief auslaufenden Leinenpaare $a \div a$ und $d \div d$, welche die Hubkräfte H_1 und H_4 der überstehenden Tragkörperenden aufnehmen und in der Gondel über die drei Leitrollenpaare A, B und C laufen. Die Richtungen sämtlicher Leinen gehen, wie bereits dargelegt, am besten durch die Hubkraftmittelpunkte (Auftriebmittelpunkte) $M_1 \div M_4$ der gefassten Ballonabteilungen, ferner ist die Einrichtung so zu treffen, dass die senkrechten Teilkräfte q_v der Seilzüge a und d, den Hubkräften H_1 und H_4 in M_1 und M_4 gegenüber das Gleichgewicht wahren. Die wagerechten Teilkräfte q_h suchen den Tragkörper der Länge nach zusammen zu drücken. Diesem Druck wird Gleichgewicht gehalten durch den Gasdruck p der Füllung. Zur Berechnung des hierzu erforderlichen Innendruckes führt, da bei richtiger Anordnung $M_{max.} = 0$, die oben gegebene Beziehung $p_{min.} = \frac{4 \cdot q_h}{\pi D^2}$.

Der Einfachheit wegen wurde bis jetzt stillschweigend vorausgesetzt, dass die Hubkraft des Tragkörpers in den, als Hubkraft- oder Auftriebsmittelpunkten bezeichneten Punkten M_1, M_2 usw. der gedachten Ballonabteilungen konzentriert sei. In Wirklichkeit jedoch ist sie der Tragkörperform entsprechend über die ganze Länge des Tragkörpers verteilt, so dass die zwischen den Angriffspunkten M_1, $M_2, \ldots$ der Seilzüge befindlichen Ballonteile emporstreben und am Tragkörper die Neigung vorherrscht zu einer wellenförmigen Durchbiegung der Achse, wie in Abbildung 45 gezeigt ist.

Um diese Formänderungen und die sie verursachenden Biegungsbeanspruchungen der Hülle zu vermeiden, werden, ab-

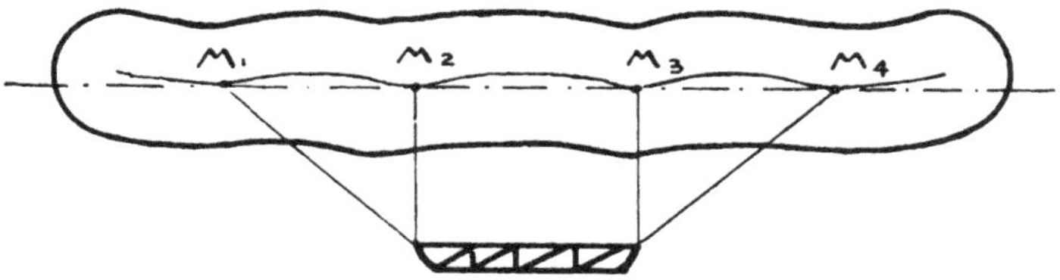

Abb. 45.

gesehen von allen hierfür sprechenden konstruktiven Gründen, die lasttragenden Auslaufleinen a nach oben hin stark verzweigt und schliesslich in der bekannten Art, gansfussartig verästelt zu einem System gegabelter Schnurzweige b an den Traggurt c des Ballons befestigt (Abbildung 46). Gelegentlich

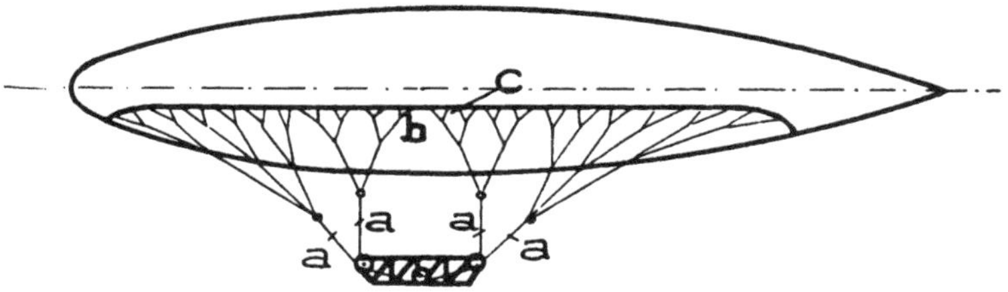

Abb. 46.

verbindet man sie, nach dem Vorgange des Siemens-Schuckertschiffes, auch durch Stoffbahnen, an denen dann die ganze Gondellast hängt, mit dem Tragkörper.

Letztere Art der Aufhängung hat den Vorzug eines sehr guten Lastausgleiches und besitzt einen geringeren Fahrwiderstand wie die Seiltakelung. Auch die stark verzweigte Seiltakelung belastet den Tragkörper sehr gleichmässig. Sie drückt die Biegungsbeanspruchung nahezu ganz auf Null herab, verkleinert aber auch die auf Knickung wirkenden wagerechten Teilkräfte der schieflaufenden Seilzüge.

Die für den zylinderförmigen Tragkörper geltenden und

bis jetzt besprochenen Verhältnisse, hinsichtlich des zur Prallhaltung erforderlichen Innendruckes $p_{min.}$, gelten im allgemeinen auch für die praktisch brauchbar geformten, ellipsoidalen oder fischförmigen Tragkörper. Mit anderen Worten, für den Innendruck bleibt es, gleichen Tragkörperinhalt vorausgesetzt, nahezu gleichgültig, ob die Form des Tragkörpers zylindrisch oder fischförmig-elliptisch ist. Die einfache Betrachtung des Kräfteausgleiches in jeder richtig angelegten Lastaufhängung führt zu diesem Ergebnis. Der korrekte mathematische Nachweis hierfür würde zu weit führen. Anders jedoch, wenn der Zylinder- und Ellipsoidform des Tragkörpers die gleichen Hauptabmessungen (Länge und Durchmesser) zugrunde liegen. In diesem Falle erfordert der im Verhältnis zum Ellipsoid dem Inhalte nach $^3/_2$ mal so grosse Zylinder naturgemäss einen höheren Überdruck. Zur Berechnung der für die Höhe des erforderlichen Innendruckes $p_{min.}$ massgebenden und bei irgend einer biegungsfreien Takelung auftretenden wagerechten Teilkräfte S_c und S_e der Seilzüge für zylinderförmige und ellipsoidale Tragkörper, können die folgenden einfachen Formeln benutzt werden[1]).

$$S_c = \frac{\pi l^2 D}{8a}\left(\frac{D}{4} - q\right) \text{kg}$$

und

$$S_e = \frac{\pi L^2 D}{8a}\left(\frac{D}{8} - \frac{2q}{3}\right) \text{kg.}$$

Hierin bedeutet S_c die achsiale Druckkraft (wagerechte Teilkraft) für zylindrisch geformte Tragkörper und S_e die achsiale Druckkraft für alle solche Tragkörper, deren Erzeugende sich in der besprochenen Weise aus Ellipsenbogen zusammensetzen. Ferner bezeichnet D den für beide Formen als gleichgross angenommenen Durchmesser in m, l bzw. L die Länge des zylindrischen bzw. ellipsoidalen Tragkörpers in m, q das Stoffgewicht pro qm der fertigen Hülle, einschliesslich Nähte, Gurte, Versteifungen, Schlaufen und Klebungen in kg. Die Formeln gelten fernerhin nur unter der Voraussetzung der in Abbil-

---

[1]) Vergl. „Eberhardt, Theorie und Berechnung von Motorluftschiffen", S. 121. M. Krayn, Berlin 1912.

dung 47 schematisch dargestellten Anordnung der Hauptleinen.

Die Hauptleinen b sind so befestigt am oberen Gondelrande, dass ihre Abwärtsverlängerungen sich im Punkte A schneiden, so dass die Resultierende sämtlicher Seilkräfte durch den Hubkraftmittelpunkt M des Tragkörpers geht. Das ist der Fall, wenn die Hubkräfte h der einzelnen Ballonteile sich ausgleichen mit den senkrechten Teilkräften q_s der ihnen entsprechenden Seilzüge. Die Entfernung des Punktes A von der

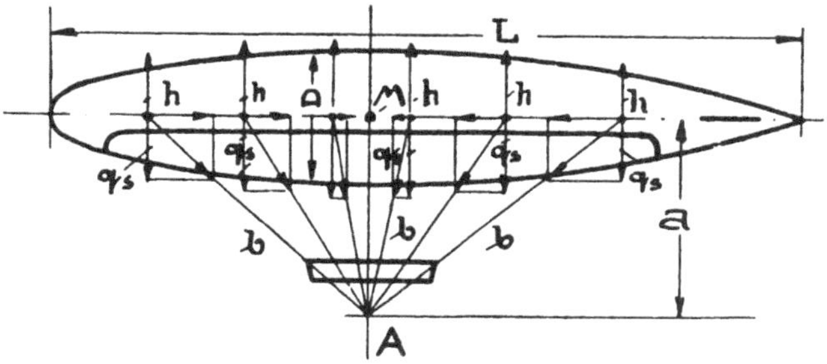

Abb. 47.

Ballonachse ist in der Formel mit a bezeichnet. Der zur Formwahrung erforderliche Innendruck $p_{min.}$ ergibt sich dann in der bekannten Weise aus der bereits besprochenen Beziehung

$$\frac{D^2 \pi}{4} \cdot p_{min.} = S, \ (S = S_c \text{ bzw. } S_e) \text{ zu } p_{min.} = \frac{4\,S}{D^2 \pi}.$$

Bei all diesen Betrachtungen war die stete Voraussetzung die, dass der Tragkörper ohne sich fortzubewegen, mit seiner Belastung frei im Raume schwebe. Ein genaueres Eingehen aber auf den, rein gegen die formändernden Einflüsse der Belastung gerichteten Anteil des Innendruckes erübrigt aus dem Grunde, weil bei allen Schiffen mit grösserer Geschwindigkeit, die zur Vermeidung des Eindrückens der Spitze durch die anströmende Luft erforderliche Druckhöhe in der Regel grösser ist, wie der gegen die Belastung erforderliche Innendruck. Dieser Punkt ist daher auch für die Stoffbeanspruchung eigentlich von grösserer Bedeutung als alle die bisher erwähnten Belastungsarten.

Ist der Tragkörper in Fahrt, so drückt die anströmende Luft, wie in einem der vorhergehenden Abschnitte bereits besprochen, mit einer der kinetischen Energie des mit der Geschwindigkeit v auftreffenden Luftstromes entsprechenden Kraft von

$$p_f = \frac{v^2 \cdot \gamma}{2\,g}\ \text{kg/qm}$$

pro Einheit der Spitzenfläche auf den Ballonkopf und sucht die Spitze einzudrücken. Dieser ebenfalls in der Achsenrichtung des Ballons wirkenden Druckkraft, die, wie früher dargelegt, allerdings nur in unmittelbarer Nähe der Spitze voll auftritt, muss, zur Vermeidung von Einbeulungen derselben durch den entsprechend erhöhten Innendruck das Gleichgewicht gehalten werden. Nach Einsetzung des Zahlenwertes für $\frac{\gamma}{g} \sim 0{,}13$[1]), worin $\gamma = 1{,}29$ das Gewicht eines Raummeters Luft, $g = 9{,}81$ die Erdbeschleunigung vorstellt, folgt

$$p_f \sim \frac{v^2}{2} \cdot 0{,}13 \sim 0{,}065\ v^2\ \text{kg/qm}.$$

Nimmt man für den bis jetzt betrachteten Tragkörper eine sekundl. Geschwindigkeit an von 15 m, so wird

$$p_f = 0{,}065 \cdot 15^2 \sim 14{,}7\ \text{kg/qm},$$

entsprechend 14,7 m/m Wassersäulendruck. Diese Druckhöhe ist für den betrachteten Tragkörper bei der verhältnismässig geringen Geschwindigkeit von 15 m ungefähr ebenso gross, als die zur Prallhaltung gegen die Belastung erforderliche, wovon man sich leicht überzeugen kann durch Einsetzung der betreffenden Werte für D, L, a und q in die oben angegebenen Formeln

$$S_e = \frac{\pi L^2 D}{8\,a}\left(\frac{D}{8} - \frac{2\,q}{3}\right)$$

und

$$p_{min.} = \frac{4\,S_e}{D^2\,\pi}.$$

1) Vergl. S. 78, Bd. I dieses Werkes.

Um eine gewisse Sicherheit gegen das Eindrücken der Spitze zu haben, wird man in der Praxis in diesem Falle einen Betriebsdruck von mindestens 20 m/m Wassersäule halten, wodurch gleichzeitig eine hinreichende Sicherheit gegen das Einknicken der Hülle durch den Lastangriff gegeben ist. Die Sicherheit, die dieser so erforderliche Betriebsdruck gewährt gegen das Einknicken unter der Belastung, ist naturgemäss bei Schiffen mit hoher Geschwindigkeit grösser als bei Fahrzeugen von geringer Geschwindigkeit.

Vollständig verfehlt erscheint jedoch die gelegentlich vorgebrachte Anschauung, dass, um auf den Betriebsdruck zu kommen, die zur Prallhaltung der Spitze erforderliche Druckhöhe p_f zu addieren sei zu dem gegen den Lastangriff notwendigen Pralldruck $p_{min.}$ Hierzu führt schon die einfache Überlegung, dass die volle Stauwirkung der anströmenden Luft sich nur in nächster Nähe der Spitze selbst geltend macht, nach hinten zu jedoch rasch abnimmt, auf und unter Null sinkt, nicht aber auf die ganze Kopffläche übergreift. Der an der Spitze auftretende Staudruck erhöht, auf die ganze bis zum Hauptquerschnitt rückwärts reichende Kopffläche des Tragkörpers verteilt, den äusseren Luftdruck nur um einen ganz geringen Betrag, wie die folgende kurze Betrachtung lehrt. Der Fahrwiderstand (gleich Schraubenschub) eines mit der sekundl. Geschwindigkeit von 17 m fahrenden Luftschiffes und mit einem Tragkörperdurchmesser von 15 m, betrage 1000 kg. Von diesen 1000 kg mögen der Annahme entsprechend $^2/_3$, also etwa 670 kg auf den Tragkörper, das andere Drittel aber mit 330 kg auf die übrigen Teile wie Takelung, Gondel etc. entfallen. Der Tragkörperwiderstand von 670 kg verteile sich zu zwei gleichen Teilen von je 335 kg auf das Vorderteil und das Hinterteil des Tragkörpers. Bringt man nun noch von diesem Widerstand den grösstenteils an den Seitenflächen auftretenden Reibungswiderstand zu etwa einem Drittel in Abzug, so bleiben für den Druckwiderstand am Vorderteil des Tragkörpers noch etwa 200 kg. Diese verteilen sich auf die 176 qm betragende Fläche des Hauptquerschnittes zu je $\frac{200}{176} \sim 1,14$ kg pro qm, mit einer entsprechenden Druckerhöhung von 1,14 m/m Wassersäule.

Eine andere, oft geäusserte Ansicht ist die, dass mit Prall-Luftschiffen grössere Geschwindigkeiten wie etwa 18—20 m gar nicht zu erreichen seien, infolge der unvermeidlich sich einstellenden Einbeulung der Spitze durch die anströmende Luft. Eine kurze Betrachtung ergibt auch die Unhaltbarkeit dieser Ansicht. Ein mit einer sekundl. Geschwindigkeit von v = 20 m fahrendes Luftschiff erleidet durch die anströmende Luft an der Spitze seines Tragkörpers einen Druck von

$$p_f = 0{,}065 \,.\, 20^2 = 26 \text{ kg/qm},$$

entsprechend 26 m/m Wassersäule. Es würde also hier bereits ein Betriebsdruck genügen von etwa 32 m/m Wassersäule, der in dieser Höhe noch durchaus zulässig ist.

Die in diesem Abschnitt errechneten Sicherheitswerte gegen Bruch sind, wie betont werden muss, immerhin nur angenäherte und durchaus nicht für alle Betriebslagen und Spannungsschwankungen geltende Werte. Auch ist wohl zu beachten, dass zu ihrer Ermittelung immer nur die Pralldruckwerte $p_{min.}$, niemals aber die vollen Betriebsdrucke p in die benutzte Formel $S_q = \frac{D \,.\, p_{min.}}{2}$ eingesetzt worden sind. Führt man statt des Pralldruckes $p_{min.}$ den um den Sicherheitsdruck erhöhten Pralldruck als Betriebsdruck p in die Formel ein, so erhält man naturgemäss grössere Beanspruchungen S_q der Hülle, dagegen durchschnittlich kleinere Sicherheitsgrade s wie die oben errechneten. Sicherheitsgrade, die zwischen 5 und 8 liegen, dürften daher die bis heute in Wirklichkeit vorherrschenden sein, bei Betriebsdrucken von etwa 25 bis 40 m/m Wassersäule, gemessen in der Hüllenachse.

Die Verteilung des Gasdruckes im Hüllenraum.

Der bis jetzt besprochene, im Traggas herrschende Druck ist, abgesehen von den durch die Schräglagen des Tragkörpers bewirkten Druckschwankungen, auch im wagerecht dahinfahrenden Luftschiff nicht an allen Stellen des Gasraumes der gleiche.

Er ist abhängig von der Höhe der gedachten Raumstelle über der Hüllensohle, also von der Höhe der sich unter ihr befindlichen und bis zur Hüllensohle erstreckenden hebenden Gassäule. Die Druckverteilung im Traggas verhält sich ähnlich, ist jedoch umgekehrt gerichtet wie der Luftdruck in der freien Atmosphäre. Er nimmt nach oben hin zu, während der Luftdruck bekanntlich nach unten hin zunimmt. Zerlegt man den Hüllenraum nunmehr durch eine Anzahl von wagerechten Ebenen h in entsprechend gerichtete Räume von z. B. je 1 m Höhe, so sind die Ebenen die Orte gleichen Gasdruckes und gegen das Quadratmeter der Deckenfläche eines jeden dieser Gasräume

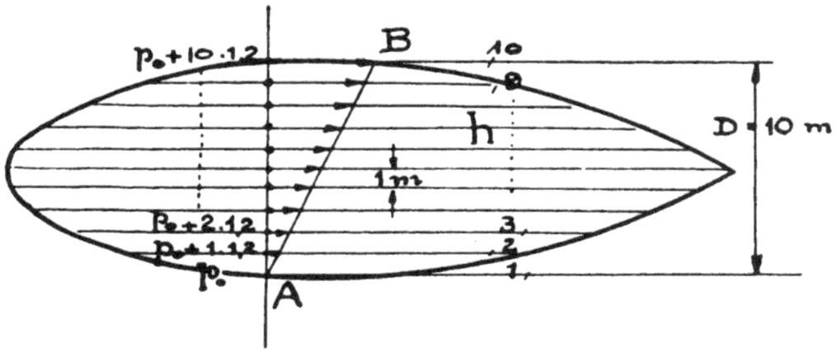

Abb. 48.

drückt das Gas mit einer Kraft von ca. 1,2 kg, d. h. mit der Hubkraft eines Raummeters Wasserstoff. (Abbildung 48.)

Infolgedessen ist der Gasdruck an der Decke eines jeden der gedachten Räume um ungefähr 1,2 m/m Wassersäule grösser als der Druck gegen die Decke des nächst untenliegenden Raumes. Dieser Druckzustand ist der Grösse nach in der Abbildung 48 zeichnerisch dargestellt durch die wagerechten Pfeile, welche die Höhen der in den einzelnen Druckflächen 1, 2, 3 . . . . 10 herrschenden Drucke bezeichnen, sowie die Gerade A B. Um nun den Druckunterschied zwischen der Sohle und dem Scheitel des Tragkörpers zu erhalten, multipliziert man einfach den Durchmesser D des Tragkörpers mit der Zahl 1,2 und erhält als Druckunterschied das Produkt 1,2 D, so dass bei p^o als Sohlendruck, der Gasdruck im Scheitel des grössten Querschnittes sich ergibt zu

$$p_s = p_o + 1{,}2\ D.$$

Der an der Hüllensohle herrschende Gasdruck p_o ist in wagerechter Lage des Tragkörpers gleichbedeutend mit dem im vorigen Abschnitt berechneten und um $1{,}2 \frac{D}{2} = 0{,}6$ D verminderten Betriebsdruck p, so dass $p_o = p - 0{,}6$ D. Als Betriebsdruck wurde dort nämlich der um den Sicherheitsdruck vermehrte mittlere Ballondruck angenommen, d. h. der in Höhe der Ballonachse herrschende und um den Sicherheitsdruck vermehrte Gasdruck.

Einem Sohlendruck von $p_o = 20$ m/m Wassersäule entspricht, nach dem Vorhergegangenen, bei einem Tragkörper-

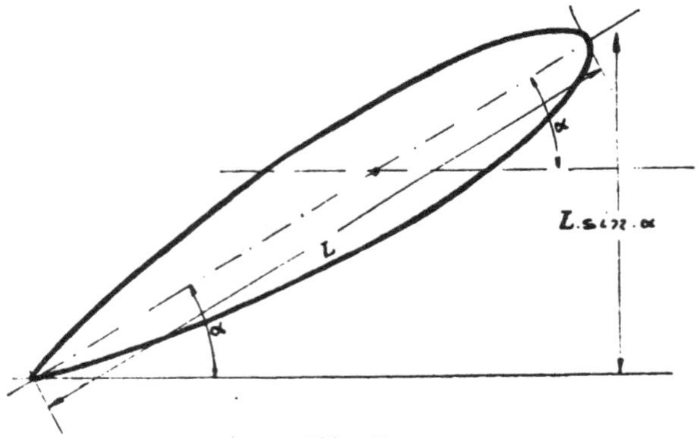

Abb. 49.

durchmesser von D = 10 m, ein Scheiteldruck von $p_s = 20 + 10 \,.\, 1{,}2 = 32$ m/m Wassersäule. Er ist also erheblich höher wie jener. Die Bestimmung des Scheiteldruckes spielt eine gewisse Rolle hinsichtlich der Grösse und ev. auch Federung des im Ballonscheitel befindlichen, von der Hand ziehbaren Senkventils (Manövrierventil), während der Sohlendruck in Betracht kommt für die am unteren Teil der Hülle eingebauten Sicherheitsventile. Bei einem Öffnungsdruck dieser Ventile, von 30 m/m z. B., ist der Scheiteldruck bereits angewachsen auf $30 + 10 \,.\, 1{,}2 = 42$ m/m Wassersäule.

Weit grösser wie die bis jetzt besprochenen Druckunterschiede sind die Druckschwankungen, die entstehen bei den bereits verschiedentlich gestreiften Schrägstellungen der Längsachse des Tragkörpers, auch bei prall ausgespannter Hülle und normalem Innendruck. Bei einem Winkel der Schrägstellung von α^0 vergrössert sich die Höhe der hebenden Gassäule von D auf L sin α, wenn L die Länge des Tragkörpers bezeichnet. (Abbildung 49.)

Nimmt man nun an, dass der Gasdruck im niedergehenden Ende bis etwa auf den Wert p_o sinkt, so steigt er gleichzeitig in der aufgerichteten Spitze an auf den Wert von

$$p'_s = p_o + L \sin \alpha \,.\, 1{,}2 \text{ kg/qm.}$$

Er nimmt mithin, gegenüber dem bei wagerechter Lage vorherrschenden Scheiteldruck zu um

$$p'_s - p_s = (L \sin \alpha - D) \,.\, 1{,}2 \text{ kg/qm.}$$

Beträgt die Schrägstellung der Längsachse mithin z. B. 30°, wie sie gelegentlich auftritt und auch wohl schon überschritten worden ist, so steigt bei einem Grunddruck von p_o = 20 mm und bei einer Ballonlänge von L = 60 m, der an der höchsten Stelle des Tragkörpers herrschende Gasdruck auf ca. $20 + 60 \,.\, \sin 30^0 \,.\, 1{,}2 = 50 \,.\, 1{,}2 = 60$ mm Wassersäule. Derartige Drucke haben, wie bereits berührt, starke Stoffbeanspruchungen im Gefolge und drücken die Sicherheit gegen Bruch, wenn auch nur vorübergehend ganz bedeutend herab. Sie sind jedoch bei praller Hülle und bei guter Stoffbeschaffenheit nicht gerade gefährlich, weisen aber hin auf die hohe Wichtigkeit einer möglichst weitgehenden Sicherheit der Hülle gegen Bruch.

Abschnitt XI.

Anlage zur Aufrechterhaltung des Innendruckes.

Die Druckhaltungsanlage (Ballonetanlage).

Allgemeine Anordnung.

Die Wahrung des Innendruckes ist, wie im vorigen Abschnitt gezeigt wurde, eine der grundlegenden Bedingungen für jeden Betrieb von Prall-Luftschiffen. Es darf, wie wir sahen, aus Gründen der Sicherheit während des Betriebes weder über noch unter die durch den Betriebsdruck einmal festgelegte Höhe in erheblichem Masse steigen oder sinken. Dementsprechend hat die Druckhaltungs- oder Ballonetanlage als Hauptzweck, die Aufrechterhaltung des zur Wahrung der Prallform erforderlichen Innendruckes gegen alle Druckschwankungen nach unten, d. h. die Verhütung jeder erheblichen Druckabnahme im Tragkörper. Dies ist der Grundgedanke für die Ausgestaltung jeder brauchbaren und verlässlich wirkenden Druckhaltungsanlage.

Eine derartige Anlage, die grundsätzlich ziemlich einfach aussieht, ist in ihren Hauptzügen dargestellt in Abbildung 50. Sie besteht aus einem oder mehreren, aus leichtem Hüllenstoff gearbeiteten, aufblähbaren Luftsäcken a, den sogenannten Ballonets, welche in irgend einer Weise an die Hülle b angeschlossen, im Innern des Tragkörpers untergebracht sind.

Zur Beschickung und Aufblähung der Luftsäcke dient in der Regel ungewärmte atmosphärische Luft, welche durch das meist in der Nähe der Gondel angebrachte Flügelradgebläse c angesaugt und mit einem gewissen Förderdruck durch die Luftleitungen d und e nach den Luftsäcken geblasen wird. Diese sind an ihrem unteren Teil ausgerüstet mit den nach der freien Atmosphäre hin öffnenden Luftventilen f, welche abblasen, sobald sich der Luftdruck in der Druckhaltungsanlage der Höhe des im Gasraume höchst zulässigen Druckes nähert.

Bei der in der Abbildung dargestellten Verwendung von zwei Luftsäcken, teilt sich die vom Gebläse aufsteigende Hauptleitung d, dicht unter dem Tragkörper, in die beiden nach den Luftsäcken hinlaufenden Leitungszweige e—e. An der Zweigstelle befindet sich in der Regel ein aus dünnem Stahlblech oder Aluminiumblech gearbeitetes, leichtes, T-artig geformtes Rohrstück g eingelegt, in das die beiden von der Gondel aus verstellbaren Luftklappen h—h eingebaut sind, durch deren Einstellung die Beschickung der Luftsäcke geregelt wird. An Stelle dieser einfachen, später noch genauer zu beschreibenden Klappen, welche hier angeordnet, in den meisten Fällen völlig ihrem Zweck entsprechen dürften, lassen sich naturgemäss auch Ventile und Schieber verwenden. Verwendet man, wie dies für kleinere und mittelgrosse Tragkörper meist auch ausreicht, nur einen Luftsack, so kommt das soeben erwähnte Zweigstück mit einem Teil der Leitung in Wegfall und die ganze Anlage wird hierdurch einfacher und leichter ausfallen.

Bei abgeschotteten Tragkörpern, oder bei solchen von grosser Streckung empfiehlt sich unter Umständen die Ver-

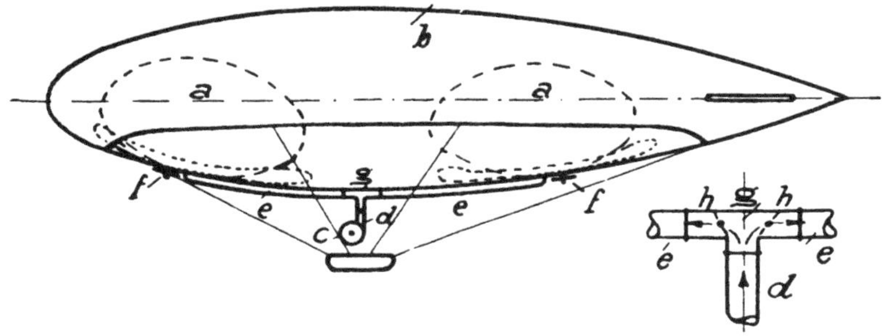

Abb. 50.

wendung von drei oder mehr Luftsäcken. In diesem Fall gestaltet sich die Anlage beispielsweise wie in Abbildung 51 gezeichnet ist.

Ratsam ist es hierbei, falls es sich um ein zwei- oder mehrgondeliges Luftschiff handelt, jede der Maschinengondeln aus-

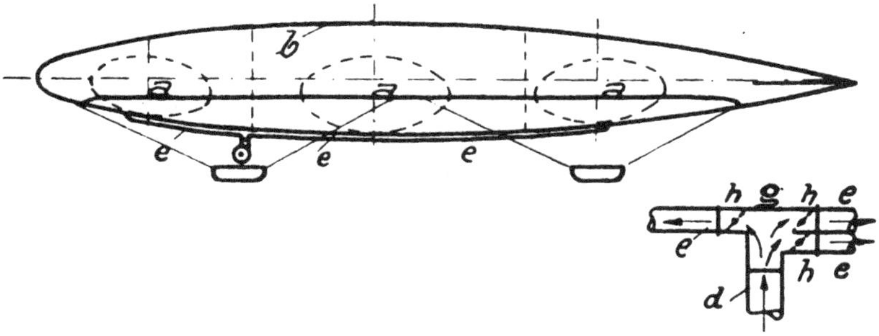

Abb. 51.

zurüsten mit einem selbständig arbeitenden Gebläse, von der für die Aufrechterhaltung des Innendruckes erforderlichen Förderleistung. Bei dieser Art der Anordnung kann die Beschickung der Luftsäcke, nach Belieben von irgend einer der vorhandenen Maschinengondeln aus erfolgen, so dass der Antrieb des Gebläses auf jeden Fall gesichert ist. Das Wesentliche der gedachten Anordnungsweise geht hervor aus der schematischen Abbildung 52.

Die in den Maschinengondeln l und l_1 angeordneten beiden Gebläse c und c_1 speisen durch die Steigleitungen d und d_1 in die gemeinschaftliche Verteilungsleitung e, welche, unter dem Tragkörper hinlaufend, mit den Luftsäcken a, a_1 und a_2 in Verbindung steht. Die beiden, in diesem Falle notwendig werdenden T-Stücke g und g_1 sind mit je zwei Klappen h und i bzw.

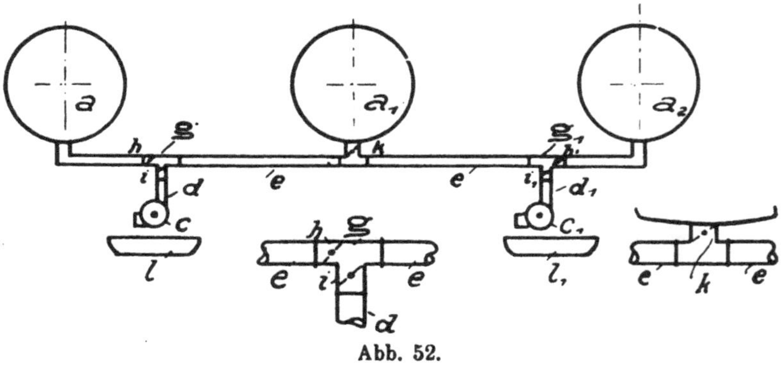

Abb. 52.

h_1 und i_1 versehen, von denen das eine Paar in den Hauptleitungen, das andere in der Verteilungsleitung liegt und durch welche von den Gondeln aus die Regelung der Luftverteilung bewirkt wird. Für den mittleren Luftsack a_1 ist noch eine besondere Klappe k vorgesehen. Die Beschickung der drei Luftsäcke kann, wie ein Blick auf die Abbildung lehrt, sowohl durch jedes der beiden Gebläse gesondert, wie auch durch beide Gebläse gemeinschaftlich erfolgen. Die hierzu jeweils erforderliche Einstellung der Klappen folgt ohne weiteres aus der Skizze. Fernerhin gestattet die gezeichnete Anordnungsweise, im Verein mit den späterhin noch zu besprechenden Luftventilen, auch die zur Schrägstellung der Ballonlängsachse erforderliche Luftverschiebung zwischen den beiden äusseren Luftsäcken a und a_2.

Auf einer derartigen Luftverschiebung zwischen den eingebauten Luftsäcken beruht bekanntlich ihre, für alle Luftschiffe unstarrer Bauart (Parsevalschiffe) so hochwichtige Verwendung zu Höhensteuerungszwecken, zur sogenannten Ballonethöhensteuerung. Sie bildet denn auch den Hauptgrund für die bis jetzt besprochene Unterteilung des Luftraumes, insbesondere für Fahrzeuge mittlerer Grösse oder kleine Fahrzeuge, für welche, bei Verzicht auf die Lufthöhensteuerung, ein Luftsack vollständig ausreicht.

Als Beispiel für eine Druckhaltungsanlage mit drei Luftsäcken, sei hier noch kurz die des Siemens-Schuckert Luftschiffes (1910/11) erwähnt. (Abbildung 53.)

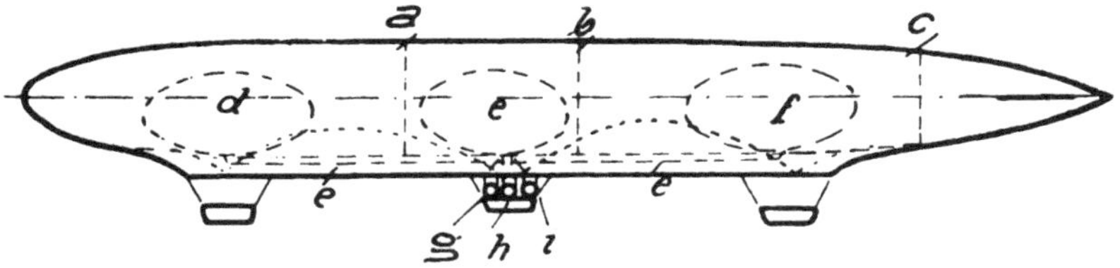

Abb. 53.

Der Tragkörper des genannten Luftschiffes ist durch drei vollständig geschlossene Schotte a, b und c in vier Räume eingeteilt, von denen die drei vorderen mit Luftsäcken ausgerüstet sind. Durch wechselweises Einpumpen von Luft in den vorderen oder hinteren Luftsack ist man in der Lage, das vordere Ende des Tragkörpers zu senken oder zu heben, d. h. die Achse desselben zur Ermöglichung der Höhensteuerung schräg zu stellen. Zur Bedienung der Luftsäcke d, e und f sind drei Gebläse g, h und i vorgesehen, die über der mittleren Gondel (Führergondel) und zwar in dem, von den hier als Takelung gewählten Stoffbahnen gebildeten Längskanal untergebracht sind. Der Antrieb der Gebläse erfolgt nicht in der bis jetzt stillschweigend vorausgesetzten Weise durch die Hauptmotore, sondern durch eigens hierzu vorgesehene Gebläsemotore, Gaggenauer Benzinmotore von je 24 PS. Von diesen treibt der eine mittelst eines Kreisseiltriebes nach Belieben die Gebläse an, während der andere in Reserve liegt. Bei dieser Anordnungsweise der Druckhaltungsanlage ist das Gebläse vollständig unabhängig von den Schiffsmotoren, ferner besitzt jeder der drei vorhandenen Luftsäcke seine eigene Luftzufuhr und Regelung. Die besprochene Druckhaltung soll sich, nach dem was darüber bekannt geworden ist, gut bewährt haben.

An dieser Stelle sei auch noch die, bei den fast durchweg mit zwei Luftsäcken ausgerüsteten Parseval-Schiffen gewählte interessante Verbindung erwähnt, zwischen diesen Luftsäcken und dem, den genannten Schiffen eigenen Hauptgasventil. Dieses gleichzeitig als Gasüberdruckventil (Sicherheitsventil) und Senkventil (Manövrierventil) dienende Hauptventil der Parseval-Schiffe ist im Scheitel des Tragkörpers angeordnet. Es öffnet wie die bei den übrigen Luftschiffen meist unten am Heck gesondert angeordneten Überdruckventile selbsttätig, oder vielmehr auf einen bei Gasüberdruck von der Luftsackhülle ausgehenden Zug hin, kann aber auch im Bedarfsfalle von Hand gezogen werden. Die gedachte Anordnung ist in Abbildung 54 dargestellt. Sie ist mit der nachfolgenden Beschreibung einem Aufsatze des Konstrukteurs selbst entnommen.

„Die Füllung der Luftsäcke erfolgt durch ein Gebläse H, das hier so gross ist, dass es etwa den 4000. Teil des Tragkörperinhalts sekundlich fördern kann. Die Zuleitung der Luft erfolgt durch ein senkrechtes Steigrohr J bis zum T-Stück K und von hier aus durch die beiden Zweigrohre L—L zu den Luftsäcken M—M. Die letztbezeichneten Rohre werden neuerdings, der die Betriebssicherheit steigernden besseren Übersichtlichkeit wegen, an die Aussenseite des Tragkörpers verlegt. Bei den kleinen Sportschiffen (Abbildung 55), welche nur einen Luftsack besitzen, führt die Zuleitung direkt nach aufwärts zu demselben und mündet nach einer Verästelung auf zwei Wegen in den Luftsack ein.

Im T-Stück der vorerwähnten Bauform mit zwei Luftsäcken sind zwei Sicherheitsventile G—G (Luftüberdruckventile) und eine Klappe angeordnet, welch letztere die beiden Luftsäcke voneinander trennt und von der Gondel aus verstellt werden kann, so dass der Luftstrom je nach Bedarf bald nach dem vorderen, bald nach dem hinteren Luftsack durchzutreten vermag.

Von der Oberseite der Luftsäcke geht eine grosse Anzahl von Leinen N—N senkrecht hinauf zur Hülle, wo sie über

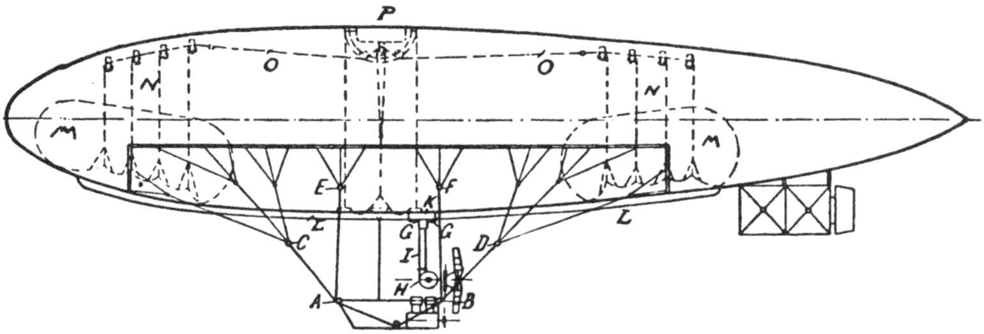

Abb. 54.

Rollen laufen und sich zur Schlussleine O vereinigen, die an das Hauptventil P führt. An diesem läuft sie über drei Rollen, von denen zwei an einem starken Bügel befestigt sind, während

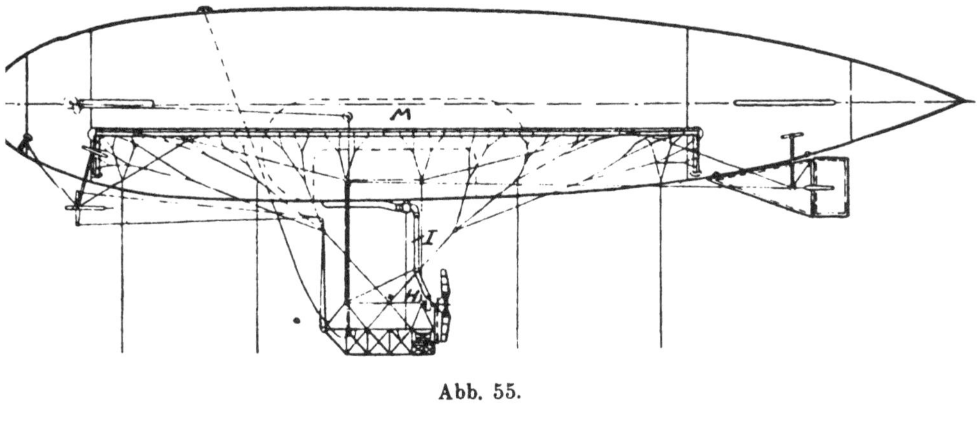

Abb. 55.

die dritte am Ventilteller angebracht ist. Diese Schlussleine verbindet mithin über das Hauptventil hinweg die Leinensysteme der beiden Luftsäcke miteinander. Spannt sich die Leine, so wird das Hauptventil aufgezogen. Wenn das Luftschiff steigt, so dehnt sich das Traggas aus und die Luftsäcke werden zusammengedrückt. Die überschüssige Luft entweicht durch die Sicherheitsventile G—G am vorherbezeichneten T-Stück. Die Leinen spannen sich und öffnen das Hauptventil, wodurch ein gefahrdrohendes Anwachsen des Innendruckes vermieden wird. Beim Umfüllen der Luftsäcke jedoch, zur Ermöglichung der zur Höhensteuerung erforderlichen Neigungen der Längsachse des Tragkörpers, gleitet die Verbindungslinie spannungslos zwischen den Ventilrollen hindurch.

Eine weitere Sicherheitsvorrichtung für den Fall, dass die soeben beschriebene Anordnung nicht richtig arbeitet, bildet eine an der Hüllensohle angeordnete grosse Membran, die mit dem Ventil durch eine Leine in Verbindung steht. Distanzleinen halten Ventilring und Grundring der Membran in gleichem Abstand. Überschreitet der Innendruck das zulässige Mass, so öffnet die Membran das Ventil. Gleichzeitig dient die Membran zur Durchführung der Ventilleine."

Der besprochenen Anordnung liegt der Gedanke zugrunde, gesonderte Sicherheitsventile (Gasüberdruckventile) zu vermeiden und das verlässliche Arbeiten des Hauptventils, als einziges Gasventil, auf jeden Fall sicher zu stellen. Die hierzu getroffene Einrichtung erfordert trotz ihrer Einfachheit eine genaue Aufrüstung des Leinenwerks im Innern des Ballons, gute Wartung und auch gelegentlich vorzunehmende Nachprüfungen. Sie hat sich bei den Parsevalschiffen, die damit ausgerüstet sind, gut bewährt.

Die Wirkungsweise und Berechnung der Druckhaltungsanlage.

Als Hauptzweck der Druckhaltungsanlage ist im Vorhergehenden die Aufrechterhaltung des Innendruckes bezeichnet worden. Dementsprechend muss der zur Luftförderung dienende Teil der Anlage imstande sein, den der einzublasenden Luft entgegenwirkenden Innendruck überwinden zu können, fernerhin aber auch in ihren Abmessungen so gross sein, dass sie die zur Aufblähung der Luftsäcke (Prallhaltung des Tragkörpers) notwendig werdende Luftmenge in einer gewissen, noch zu besprechenden Zeitlänge zu liefern vermag. Mit anderen Worten, die Anlage hat innerhalb dieser Zeitlänge dem Inhalt nach an Luft das zu ersetzen, was der Tragkörper durch die Zusammenziehung seiner Füllung während des Falles oder bei sinkender Temperatur an Gasinhalt einbüsst.

Vollständig klar jedoch erscheint die Wirkungsweise der Druckhaltungsanlage allerdings erst bei der Betrachtung des Verhaltens von Tragkörper samt Füllung während einer Höhenfahrt. In dem allseitig geschlossenen und prall gefüllten Luft-

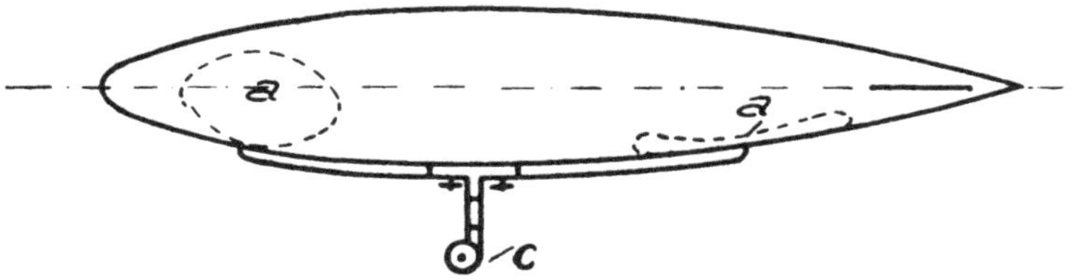

Abb. 56.

schifftragkörper erhöht sich infolge der zunehmenden Luftverdünnung beim Anstieg zur Marschhöhe die Gasspannung auf den normalen Betriebsdruck und erreicht bald ihren normalen Höchstwert. In diesem Augenblick fangen die Gasventile an abzublasen, so dass bei weiterer Erhebung des Fahrzeuges der Innendruck konstant bleibt oder doch nicht mehr erheblich ansteigt. Der Tragkörper steht von jetzt an während des ganzen Anstieges unter einem Gasdruck, der mindestens gleich dem Öffnungsdruck der Gasventile ist, diesen aber auch bei denkbar raschestem Anstieg nicht erheblich überschreiten darf. Hat das Fahrzeug auf diese Weise seine grösste oder nahezu grösste Steighöhe erreicht, so kann es unter Zuhilfenahme seiner Höhensteuerung (Krafthöhensteuerung) eine beliebige Zeit hindurch in dieser Höhenlage weiter fahren, ohne dass bei dem bisher betrachteten Teil der Höhenfahrt die Druckhaltungsanlage Luft förderte oder überhaupt in Tätigkeit war. An dieser Stelle muss hingewiesen werden auf die grundsätzliche Verschiedenartigkeit in der Betriebsweise der Druckhaltungsanlagen einzelner Bauformen. Alle Luftschiffe, die zu Höhensteuerungszwecken sich der sogenannten Ballonet-Luftsteuerung bedienen, welche, wie bereits berührt, auf der Verschiebung von Luft beruht zwischen den eingebauten Luftsäcken a—a, mit Hilfe des Gebläses c (Abbildung 56), setzen ihr Gebläse vor der Abfahrt in Gang und halten es dann bis zur Landung dauernd in Betrieb, wie z. B. die Schiffe der Parseval-Bauform.

Sie müssen in der Lage sein, die zur Schrägstellung der Längsachse erforderliche Luftverschiebung während der Fahrt selbst jederzeit vorzunehmen. Versagt das Gebläse, so wird, wenn keine Höhensteuerungsvorrichtungen anderer Art vorhanden sind, jede Schrägstellung zur Unmöglichkeit und damit die Krafthöhensteuerung (dynamische Höhensteuerung) betriebsunfähig. Die Prallhaltung jedoch wird durch das Versagen des Gebläses vorläufig nicht gestört und kann, solange abgebbarer Ballast vorhanden, durch die Vergrösserung der Höhenlage jederzeit auf rein statischem Wege neu gesichert werden. Die mit einer andersgearteten Höhensteuerung, z. B. mit einer Flächen-, Gewichts- oder Wassersteuerung ausgerüsteten Fahrzeuge jedoch bedienen sich zweckmässigerweise ihrer Druckhaltung in der Regel nur während des Abstieges zur Vornahme der Landung, oder beim Niedergehen auf geringere Marschhöhen. Dieses Herabgehen auf eine geringere Marschhöhe jedoch, wie sie der Prallhöhe bei leeren Luftsäcken entspricht, bildet bei jedem zweckmässig geleiteten Fahrbetrieb die Ausnahme von der allgemeinen Fahrregel, wenn irgend tunlich, als Fahrthöhe die Prallhöhe zu wählen und einzuhalten. Der Führer hat dann nicht zu achten auf die Luftzufuhr und kann das Gebläse ausser Betrieb lassen.

Zur Einleitung des Abstieges genügt nunmehr das Verstellen der Höhensteuerung oder ein geringer Ventilzug, durch welchen das Fahrzeug um eine Kleinigkeit schwerer wird wie die von ihm verdrängte Luftmasse und abwärts sinkt. Diese anfangs beschleunigte Abwärtsbewegung geht bald über in einen gleichförmigen langsamen Fall, infolge des sich an der umfangreichen Masse sofort einstellenden starken Luftwiderstandes. Das sinkende Fahrzeug würde nunmehr durchfallen bis zur Erde, wenn es keinen Ballast ausgäbe, oder von seiner Höhensteuerung keinen Gebrauch machen würde, vorausgesetzt, dass das Luftgewicht etwa infolge von Temperaturumkehr nach unten hin nicht in anormaler Weise zunimmt.

Beim Herabgehen nimmt der Luftdruck p in der Umgebung zu und drückt, dem Mariotteschen Gesetz $p \cdot V = \text{Konst.}$ entsprechend, den Gasinhalt V des Tragkörpers genau um den Betrag zusammen, um den der Tragkörper sich beim Anstieg ausgedehnt haben würde. Unter diesen Umständen würde der Tragkörper bald seine Prallform verlieren, Falten bilden, einknicken und dadurch betriebsunfähig werden. Um das zu vermeiden, bringt man nunmehr das Gebläse in Gang und bläst den Luftsäcken soviel Luft zu, dass sie durch ihre Aufblähung den für das abgeströmte Gas erforderlichen Volumersatz aufbringen können. Das Volum V_v des abgeströmten Gases ist abhängig vom Inhalt V des Tragkörpers, von dem in der erstiegenen Höhe herrschenden Barometerdruck b und Temperaturgrad t. Nach der auf Seite 38 im 1. Teil dieses Werkes entwickelten Gleichung ergibt sich das Volum des abgeströmten Gases zu

$$V_v = V - V_o = V\left(1 - \frac{T_o}{T} \cdot \frac{b}{b_o}\right)$$

und stellt unter den dort gemachten Voraussetzungen zugleich auch den Inhalt V_l der Luftsäcke vor. In der Gleichung war, wie erinnerlich, V_o das Gasvolum des nach dem Erdboden zurückgekehrten Schiffes bei dem dort herrschenden Drucke b_o und der Temperatur t_o.

Nimmt man die in der soeben angeführten Gleichung in Berücksichtigung gezogene Temperaturabnahme mit zunehmender Höhe, den sogenannten vertikalen Temperaturgradienten, zu durchschnittlich 0,6° für 100 m Erhebung an, so ergibt sich für eine Steighöhe von etwa 2000 m, wie sie z. B. für grössere Militärluftschiffe gefordert wird, eine Temperaturerniedrigung von 12°. Beträgt die Temperatur am Erdboden bei der Abfahrt 15°, der auf Meereshöhe reduzierte Luftdruck 760 m/m und nimmt man den in der bezeichneten Steighöhe herrschenden Luftdruck an zu 585 m/m, so berechnet sich der für diese Steighöhe erforderliche Luftsackinhalt zu

$$V_l = V\left(1 - \frac{273 + 15}{273 + 3} \cdot \frac{585}{760}\right)$$

$$= V\left(1 - \frac{288}{276} \cdot \frac{585}{760}\right) \sim \frac{1}{5} V.$$

Das heisst, der zur Wahrung der Prallform nach Erreichung von 2000 m Meereshöhe erforderliche Inhalt der Luftsäcke beträgt, wenn man voraussetzt, dass die Gasfüllung dieselbe Temperatur besitzt wie die Aussenluft ca. $^1/_5$ des Tragkörperinhaltes. Geht man jedoch aus von dem Gedanken, dass die besprochene Temperaturerniedrigung der umgebenden Luft bei vorliegender Temperaturumkehr z. B. nicht eintritt, so kann man, die Temperatur des Traggases als konstant vorausgesetzt, den Inhalt der Luftsäcke, entsprechend der im 1. Teil Seite 38 angestellten Betrachtung nach dem Mariotteschen Gesetz schreiben zu

$$V_l = V\left(1 - \frac{b}{b_o}\right)$$

und für $b_o = 760$ m/m zu

$$V_l = V\left(1 - \frac{b}{760}\right).$$

Hieraus ergibt sich für eine Steighöhe von 2000 m, mit $b = 585$ m/m,

$$V_l = V\left(1 - \frac{585}{760}\right) \sim \frac{1}{4{,}4} V.$$

Liegen die Verhältnisse noch ungünstiger, so dass während des Abstieges etwa der Einbruch der Nacht, oder irgend eine auf anderer Ursache beruhende Abkühlung der Atmosphäre eingetreten und auch noch der Luftdruck gestiegen ist, so zieht sich das Füllgas entsprechend stärker zusammen und der durch die Aufblähung der Luftsäcke nachzufüllende Raum wird noch etwas grösser wie soeben besprochen. Solche Umstände vorausgesetzt, ist der Luftsackinhalt für eine Steighöhe von 2000 m zu etwa $\frac{1}{4}$ V zu bemessen, so dass

$$V_l = \frac{1}{4} V.$$

Bei dieser Bemessung von V_l ist man gerüstet gegen unerwartet eintretende Schwankungen, sowohl der Temperatur wie auch des Druckes in der umgebenden Luft.

Löst man die für den Luftsackinhalt geltende Gleichung

$$V_l = V\left(1 - \frac{b}{b_o}\right)$$

auf nach b, so erhält man in

$$b = b_o\left(1 - \frac{V_l}{V}\right)$$

den Barometerdruck für die Höchststeighöhe eines Luftschiffes vom Tragkörperinhalt V und dem Luftsackinhalt V_l beim Barometerstand b_o und damit die Höchststeighöhe selbst. Unter der Höchststeighöhe ist hier nur die mit Rücksicht auf die Möglichkeit der späteren Prallhaltung des Tragkörpers durch die Druckhaltungsanlage eben noch befahrbare Höhe verstanden. Diese ist, wie man sieht, abhängig vom augenblicklich an der Abfahrtstelle herrschenden Barometerstand und dem Verhältnis zwischen Luftsack- und Tragkörperinhalt. So entspricht beispielsweise einer Änderung des Barometerdruckes an der Abfahrtsstelle von 10 m/m, eine Änderung der Höchststeighöhe um einen Betrag von ca. 100 m.

Für kleinere Steighöhen wie 2000 m fällt der Inhalt des Luftsackes naturgemäss kleiner aus. Doch empfiehlt es sich, mit Rücksicht auf die zuweilen durch aufsteigende starke Luftströme bedingte Überschreitung der zulässigen Höhen, auch für kleine Fahrzeuge von geringer Höhenleistung, mit dem Luftsackinhalt nicht allzusehr herabzugehen unter die angegebene Grösse von $V_l = \frac{1}{4}V$. Bei zu klein bemessenem Luftsackraum besteht die Möglichkeit einer willkürlichen Überschreitung der Höchststeighöhe und der Führer ist unter solchen Umständen gezwungen, sorgfältig darauf zu achten, dass die bezeichnete obere Fahrgrenze nicht überschritten wird. Kehrt das Fahrzeug nach Erreichung seiner Höchststeighöhe zur Erde zurück, so wird es bei richtiger Bemessung der Luftsäcke gerade dann landen, wenn diese vollständig aufgeblasen sind. Sein Eigengewicht ist in diesem Augenblick gleich dem, welchen das Fahrzeug bei der Abfahrt besass. Der während des Anstieges ausgegebene Ballast, einschliesslich Brennstoff, ist während des Abstieges dem Gewichte nach ersetzt worden durch die eingepumpte Luft. Die Grösse der Luftsäcke entspricht also in gewissem Sinne auch dem verfügbaren Ballastgewicht nebst Brennstoffverbrauch. Zur Regelung des Ballastverbrauches und in engen Grenzen wohl auch zur Beeinflussung der Gastemperatur liegt es nahe, bei der Beschickung der Luftsäcke angewärmte Luft oder gar überhitzten Wasserdampf zu verwenden. Anregungen, Patentanmeldungen und wohl auch Versuche hierüber liegen bereits vor, ohne jedoch bis jetzt eine nennenswerte praktische Verwendung gezeitigt zu haben. Eine solche Vorwärmung des Betriebsmittels für die Luftsäcke erleichtert zwar dessen Gewicht, scheint jedoch für die Gummierung des Hüllenstoffes nicht sehr zuträglich zu sein. Das der Rheinisch-westfälischen Motorluftschiffgesellschaft seinerzeit geschützte Vorwärmungsverfahren z. B. läuft darauf hinaus, die vom Gebläse durch den Motorkühler angesaugte Luft in erwärmtem Zustand nach den Luftsäcken zu befördern [1]). Angaben darüber, wie sich eine derartige Vorwärmung bewährt hat, sind nicht bekannt geworden.

Das Gebläse, seine Berechnung und Konstruktion.

Nach der Festlegung des Inhaltes für die Luftsäcke fragt es sich nun, in welcher Zeitlänge muss die Aufblähung derselben vor sich gehen können? Mit anderen Worten, wie gross muss die sekundlich geförderte Luftmenge des Gebläses sein, hinreichend zur Prallhaltung des Tragkörpers, unter der Voraussetzung einer gewissen grössten Fallgeschwindigkeit des Fahrzeuges beim Abstieg? Wie erinnerlich, ist der Inhalt der Luftsäcke, unter Vernachlässigung des Temperaturunterschiedes dargestellt worden durch die Beziehung

$$V_l = V\left(1 - \frac{b}{b_o}\right).$$

[1]) Das hierüber erteilte Patent ist wieder zurückgezogen worden.

Dieser Inhalt ist auszufüllen in der Abstiegszeit t_s des Fahrzeuges, also in der Zeit, welche es braucht, um von seiner Grösststeighöhe h_s nach dem Erdboden zurückzukehren. Die mittlere Fallgeschwindigkeit während des Abstieges sei v_s, so ist die für den Abstieg erforderliche Zeit $t_s = \frac{h_s}{v_s}$ und die entsprechende sekundliche Förderung des Gebläses

$$V_s = \frac{V_l}{t_s} = \frac{V\left(1 - \frac{b}{b_0}\right) \cdot v_s}{h_s}$$

und für $b_0 = 760$ m/m

$$V_s = V\left(1 - \frac{b}{760}\right) \cdot \frac{v_s}{h_s}.$$

Dieser Beziehung liegt die, praktisch auch ungefähr zutreffende Annahme zugrunde, dass die Fallgeschwindigkeit wie auch die sekundliche Schrumpfungsgrösse des Gasinhaltes während des Abstieges konstant bleibt.

Setzt man als Grösstwert für die unter normalen Verhältnissen auftretende sekundliche Senkgeschwindigkeit während des Abstieges den Wert $v_s = 2$ bzw. 2,5 m in die Gleichung für V_s ein, so erhält man für ein Luftschiff von beispielsweise 6500 Raummeter Gasinhalt, bei einer Steighöhe von 2000 m (Barometerstand 585 m/m), als sekundliche Förderleistung für das Gebläse $V_s = 6500 \cdot \left(1 - \frac{585}{760}\right) \cdot \frac{2}{2000} \sim 1{,}50$ Raummeter, bzw. $V_s = 6500\left(1 - \frac{585}{760}\right) \cdot \frac{2{,}5}{2000} \sim 1{,}86$ Raummeter, oder auf den Tragkörperinhalt $V = 6500$ bezogen, $\frac{6500}{1{,}5}$ bzw. $\frac{6500}{1{,}86}$ gleich $\frac{1}{4330}$ bzw. $\frac{1}{3495}$ dieses Inhaltes.

Bei den Parsevalschiffen sind die Gebläse und Leitungen so bemessen, dass sie in der Sekunde $\frac{1}{4000}$ vom Tragkörperinhalt an Luft in die Säcke zu befördern vermögen.

Für eine Steighöhe $h_s = 2000$ m ist, wie erinnerlich,

$$V_l = \frac{1}{4} V \text{ und } . V_s = \frac{V_l}{t_s} = \frac{1}{4} V \cdot \frac{v_s}{h_s} = \frac{V}{8000} \cdot v_s.$$

Nach dieser zum praktischen Gebrauch geeigneten Formel berechnet sich die sekundliche Förderleistung für ein Luftschiff der oben bezeichneten Grösse von 6500 Rm. Gasinhalt und unter Annahme einer Senkgeschwindigkeit von $v_s = 2$ m/sec zu $V_s = 1{,}63$ Rm. Diese Gebläseleistung genügt im allgemeinen zur Prallhaltung des abwärts sinkenden Tragkörpers. Es erscheint indessen für Luftschiffe, die zu Höhensteuerungszwecken sich der sog. Ballonet-Luftsteuerung bedienen, für die Herbeiführung rasch wirkender kräftiger Schrägstellungen bei vollem Betriebsdruck ratsam, die Gebläseleistung etwas stärker zu bemessen. Man pflegt daher bei derartigen Schiffen diese durchschnittlich um ca. 50 % höher zu bemessen, wie bei entsprechend grossen Schiffen ohne Luftsteuerung. Überschreitet die Fallgeschwindigkeit den der Gebläseleistung entsprechenden Höchstwert, so lässt sich die Prallform nicht mehr wahren und das Fahrzeug wird betriebsunfähig. Derartige Ausserbetriebsetzungen von Prall-Luftschiffen infolge scharfen Falles sind beobachtet worden, nachdem das Fahrzeug durch eine heftig ansteigende Luftströmung etwa über seine Höchststeighöhe hinaus gewaltsam hochgerissen wurde und nach grossen Gasverlusten niederging.

Ist bei voll geöffneten Drosselklappen die sekundliche Geschwindigkeit des Luftstromes in der zum T-Stück führenden Steigleitung gleich v_l, so ergibt sich bei einer sekundlichen Förderleistung von V_s der Durchmesser der Steigleitung aus der Beziehung

$$V_s = \frac{d_l^2 \pi}{4} \cdot v_l$$

zu

$$d_l = 2\sqrt{\frac{V_s}{\pi \cdot v_l}}.$$

Zur Erzielung eines möglichst kleinen Durchmessers, wählt man für die Luftgeschwindigkeit in der Leitung ziemlich hohe Werte, z. B. 8—10 m/sec. Für eine Geschwindigkeit von 10 m/sec ergibt sich für den Steigleitungsdurchmesser, unter der Voraussetzung eines glatten, also nicht durch Vorsprünge, Klappen u. dgl. gestörten Luftdurchtritts die leicht zu behaltende Näherungsformel

$$d_l = 2\sqrt{\frac{V_s}{\pi \cdot 10}} \sim \frac{1}{3}\sqrt{V_s} \text{ Meter.}$$

Als Gebläse verwendet man, mit Rücksicht auf die vorliegenden Verhältnisse und die Höhe des zu überwindenden Druckunterschiedes, am zweckmässigsten eines der bekannten Schleudergebläse, in der entsprechend leichten Ausführungsform mit gekrümmter Schaufelung und mit zweiseitigem Lufteintritt (Abbildung 57), wie solches beispielsweise weiter unten dargestellt ist.

Bezeichnet man mit p_d in mm Wassersäule oder in kg/qm, den Druck oder die Pressung der geförderten Luft, das heisst den durch

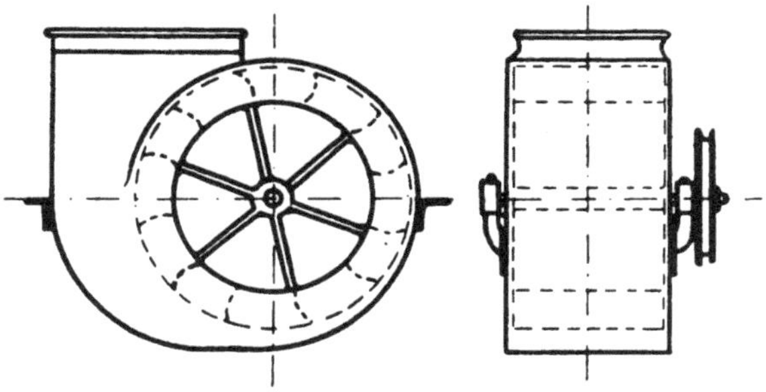

Abb. 57.

das Gebläse erzeugten Druckunterschied zwischen Aussenluft und Gebläseluft, ferner die Anzahl der sekundlich zu liefernden Raummeter Luft mit V_s und den Wirkungsgrad des Gebläses mit η_3, so ist die für das Gebläse erforderliche Betriebsarbeit N in PS, nach der hierfür allgemein bekannten Formel [1])

$$N = \frac{V_s \cdot p_d}{75 \cdot \eta_3}$$

und wenn η_4 den Wirkungsgrad der Übertragung, ab Motorwelle bis zur Gebläsewelle vorstellt, die von der Motorwelle abzuzweigende Effektivleistung in PS

$$N_e' = \frac{V_s \cdot p_d}{75 \cdot \eta_3 \cdot \eta_4} .$$

Als Wirkungsgrad für einfache Seilübertragung bei nicht zu grosser Übersetzung kann η_4 angenommen werden zu 0,80

[1]) Vergl. „Des Ingenieurs Taschenbuch Hütte" i. Sachverzeichnis unter Ventilatoren.

bis 0,85 und für Kettenradübertragung unter ähnlichen Übersetzungsverhältnissen zu 0,92 bis 0,95, während η_3 der Gebläsewirkungsgrad für kleinere Gebläse zu 0,3 bis 0,4 anzunehmen sein wird.

Setzt man $V_s = \frac{V}{8000} \cdot v_s$ ein in die soeben aufgestellte Gleichung, so erhält man in

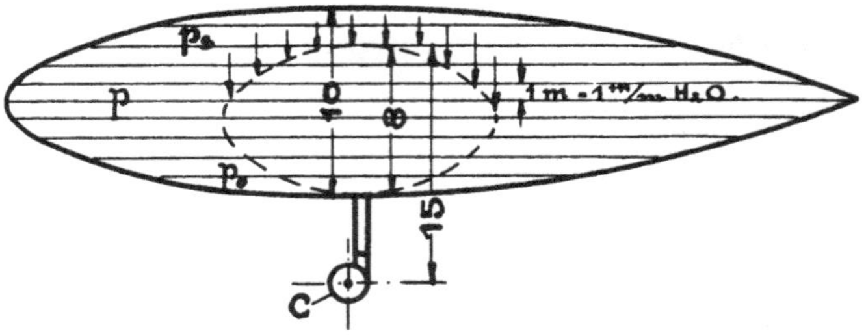

Abb. 58.

$$N_e' = \frac{V \cdot p_d \cdot v_s}{8000 \cdot 75 \cdot \eta_3 \cdot \eta_4} = \frac{V \cdot p_d \cdot v_s}{600000 \cdot \eta_3 \cdot \eta_4}$$

eine leicht überblickbare Beziehung zwischen dem Inhalt V des Tragkörpers, der Senkgeschwindigkeit v_s und der Gebläsepressung p_d.

Was die Gebläsepressung nun anbetrifft, so muss sie, wie bereits angedeutet, hinreichend gross sein zur Überwindung des Innendruckes, mit Einschluss der mit der Höhe der gedrückten Luftsäule anwachsenden Druckhöhe, sowie der Leitungs- und Stoffwiderstände. Die Höhe der Luftsäule nimmt zu mit der grösser werdenden Füllung der Luftsäcke. Jedem Meter Wachstum derselben entspricht eine Zunahme der Druckhöhe von ca. 1,3 mm Wassersäulendruck. Fernerhin steigt auch der Gasdruck im Tragkörper selbst mit der Höhe und wirkt den, bei der Aufblähung gewissermassen in ihn hineinwachsenden Luftsäcken entgegen (Abbildung 58).

Die Summe der soeben erwähnten Widerstände, die man bezeichnen kann als die Gebläsegegenpressung, erhöht sich bei gleichbleibendem Innendruck mit zunehmender Füllung der Luftsäcke und wird am grössten bei völlig aufgeblähten Luftsäcken.

Mit dem Anwachsen dieser Gegenpressung wird naturgemäss auch die Menge der sekundlich geförderten Luft immer kleiner. Andererseits aber ist bei Schiffen ohne Ballonet-Luftsteuerung in der Praxis die volle Gebläseleistung auch nicht erforderlich, solange der normale Betriebsdruck herrscht, sondern in der Regel erst dann, wenn der Betriebsdruck bereits unter seinen normalen Wert gesunken ist. Das Gebläse ist daher am besten so einzurichten, dass es die volle sekundlich erforderliche und oben berechnete Luftmenge bei dem halben Betriebsdruck des Tragkörpers als Gegenpressung zu fördern vermag. Dieser Betriebsdruck schwankt je nach Grösse und Form der Schiffe bekanntlich zwischen 20 und 30 mm Wassersäule. Gleichzeitig muss das Gebläse aber auch imstande sein, bei vollem Betriebsdruck noch ca. 50 % seiner vollen Leistung zu fördern.

Naturgemäss ist die Leistung und die erforderliche Betriebsarbeit des Gebläses nicht in allen Höhenlagen die gleiche. Die in grösseren Höhen durch die Luftverdünnung bewirkten Abweichungen von den normalen Betriebsverhältnissen können praktisch ausser Berücksichtigung gelassen werden, nicht aber der Umstand, dass der Betriebsmotor auch in geringer Marschhöhe gelegentlich nur halbe Kraft läuft, mit entsprechend weniger Umdrehungen. Das Gebläse muss daher die erforderliche Luftmenge auch bei dieser reduzierten Umdrehungszahl noch hergeben.

Abschnitt XII.

Einzelanordnung und konstruktive Ausgestaltung der Druckhaltungsanlage.

a) Die Luftsäcke.

Die Luftsäcke sind so einzubauen, dass sie die Gleichgewichtslage des Schiffes bei gleichem Füllungsgrade unbeeinflusst lassen. Bei der Wahl eines Luftsackes muss dessen Verdrängungsmittelpunkt in gefülltem Zustand in der durch den Verdrängungsmittelpunkt des gesamten Füllgases gelegten Senkrechten liegen. Bei Einbau zweier Luftsäcke müssen deren Verdrängungsmittelpunkte von dieser Senkrechten gleiche Abstände haben.

Die zur Anbringung des Luftsackes geeigneteste Stelle im Tragkörper ist die, etwa über der Gondel liegende, zwischen dem Verdrängungsmittelpunkt M und dem Schiffsschwerpunkt S_1 befindliche Gegend der Hüllensohle. (Abbildung 59).

Auf der Hüllensohle wird die Luftsackhülle am besten in der noch zu beschreibenden lösbaren Weise befestigt, so dass der

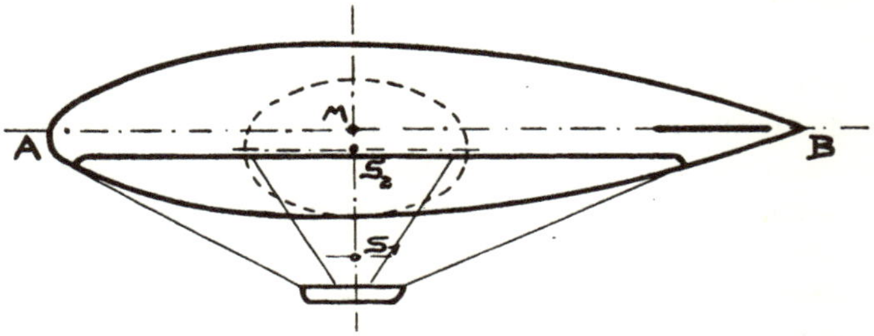

Abb. 59.

Schwerpunkt S_2 des aufgeblähten Luftsackes sich ungefähr auf der Verbindungslinie MS_1 befindet. Der Schwerpunkt S_2 liegt bei leerem Luftsack an der Hüllensohle, bei vollem Luftsack jedoch in der Regel in ziemlicher Höhe im Tragkörper und nicht allzuweit von dessen Mittellinie AB entfernt. Er wandert daher mit wechselnder Beschickung auf der Senkrechten MS_1 auf und ab und mit ihm verlegt sich gleicherweise der Gewichtsangriff der Luftfüllung und des Hüllenstoffes, wenn die Anordnung des Luftsackinhaltes um die Linie MS_1 herum eine symmetrische ist. Ist das der Fall, so verharrt das Fahrzeug bei jedem Füllungsgrad des Luftsackes in der gewünschten wagerechten Lage, während es bei einer zu MS_1 unsymmetrischen Anordnung des Luftsackes dagegen durch die entstehenden Drehmomente Neigungen annimmt. Sind zwei oder mehrere Luftsäcke vorgesehen, so sind auch diese symmetrisch anzuordnen zur Senkrechten MS_1 und zwar so, dass die Momentensumme ihrer Gewichte G_2 und G_3 in aufgeblähtem Zustande gleich Null ist, d. h.

$$a_2G_2 - a_3G_3 = 0.$$

Hierin sind a_2 und a_3 die senkrechten Schwerpunktsabstände der Luftsäcke von der Senkrechten MS_1. (Abbildung 60.)

Ersetzt man die beiden Schwerpunkte S_2 und S_3 durch den gemeinschaftlichen Systemschwerpunkt S_4, so verhält sich dieser wieder in der für S_2 oben beschriebenen Weise. Bei

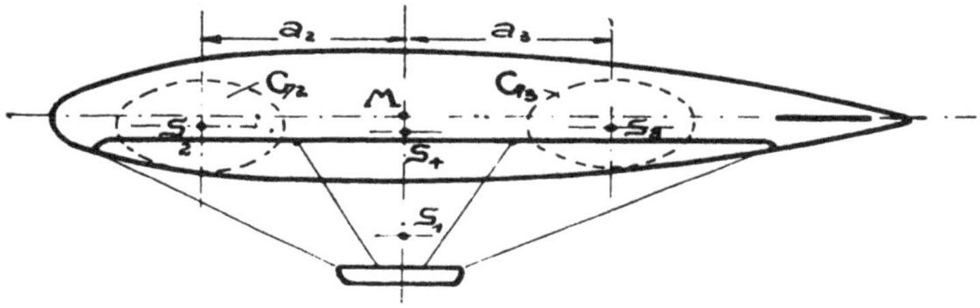

Abb. 60.

unsymmetrischer Anordnung der Luftsäcke treten auch hier wieder und zwar in weitaus stärkerem Masse die oben geschilderten Ausschläge der Längsachse des Tragkörpers auf, ebenso wenn die Luftsäcke, z. B. zur Ermöglichung der Höhensteuerung wechselweise und ungleichmässig beschickt werden.

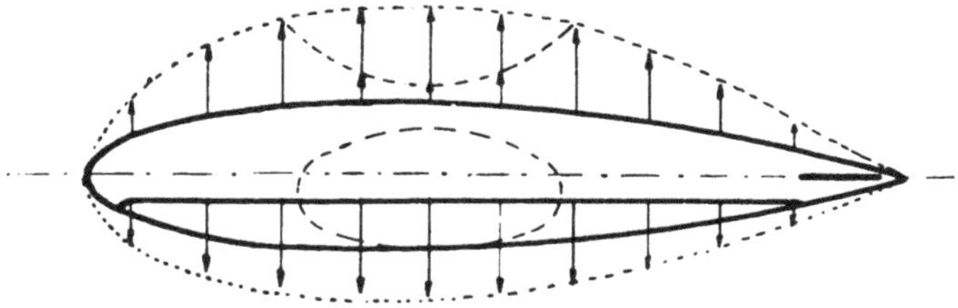

Abb. 61.

In weit geringerem Masse wie die Schwerpunkte der Luftsäcke verschieben sich der Verdrängungsmittelpunkt M der Gasfüllung und der Schiffsschwerpunkt S_1 mit zunehmender Füllung des Luftsackes nach oben, während das Entgegengesetzte eintritt beim Leerblasen desselben. Damit ist eine Änderung des Gleichgewichtszustandes (Stabilität) der ganzen Konstruktion verbunden, ohne Wachrufung irgend eines Drehmomentes, die jedoch ihrer Geringfügigkeit wegen praktisch nicht von Bedeutung ist. Etwas erheblicher wie diese Änderungen des Gleichgewichtsgrades sind die Wirkungen der durch die Aufblähung veranlassten Verschiebungen der Hub- und Belastungsverhältnisse des Tragkörpers. Das Aufblasen eines Luftsackes bedingt naturgemäss keine direkte Mehrbelastung der Tragkörperhülle, da ja das Gewicht der eingepumpten Luft ungefähr gleich ist dem Gewichte der Aussenluft. Es ist lediglich eine unsymmetrische Gasfüllung des Tragkörpers und dementsprechend verknüpft mit einer Änderung in der Verteilung der Hubkräfte und der Gurtbelastung. (Abbildung 61.)[1])

Die Luftsäcke der heutigen Prall-Luftschiffe sind meist von ellipsoidaler oder fischförmiger, in seltenen Fällen, bei ganz kleinen Fahrzeugen wohl auch von kugeliger Gestalt. Sie bestehen durchweg aus leichtem gedoppeltem oder einfachem Hüllenstoff, gelegentlich auch aus gefirnisster Seide (oilskin) u. dgl. Sie wurden früher sehr oft durch einfache Doppelnaht oder Dreifachnaht mit der Hüllensohle des Tragkörpers vernäht, unter Zwischenlegung von Verstärkungsstreifen und Abdichtung der Nähte durch Klebstreifen. In ähnlicher Weise war die, der Luftzufuhr dienende Durchlochung mit einer entsprechenden Öffnung im Tragkörper verbunden und versteift. Eine derartig ausgeführte Verbindung jedoch ist, wie gleich gezeigt werden soll, für ellipsoidale Luftsäcke durchaus nicht zu empfehlen. Die bei unruhig schwankender Bewegung des Tragkörpers während der Fahrt hin- und herpendelnden, halb oder ganz angefüllten Luftsäcke, mit ihrem im Vergleich zur Gasfüllung schweren Luftinhalt rufen durch ihre Verlagerung unerwünschte starke Beanspruchungen der Nahtstellen und der benachbarten Hüllenbahnen hervor und werden leicht undicht. Zur Verringerung dieser zerrenden Beanspruchungen befestigt man die mit a bezeichnete Luftsackhülle an der Hülle b des Tragkörpers, durch eine Gurtverbindung c, die als elliptischer Stoffstreifen von 10—20 cm Breite unter dem Luftsack herläuft und mit einem

[1] In der Abbildung ist die durch die Aufblähung des Luftsackes bewirkte Verkleinerung der Hubkraft des gezeichneten Tragkörpers dargestellt, durch die in der Mitte etwa über demselben, konvex nach unten verlaufende Kurve.

entsprechenden Stoffstreifen der Tragkörperhülle in Verbindung steht. (Abbildung 62.)

Die Verbindung zwischen diesen beiden, mit Doppelt- oder Dreifachnaht an Luftsack und Tragkörper befestigten Stoffgurte,

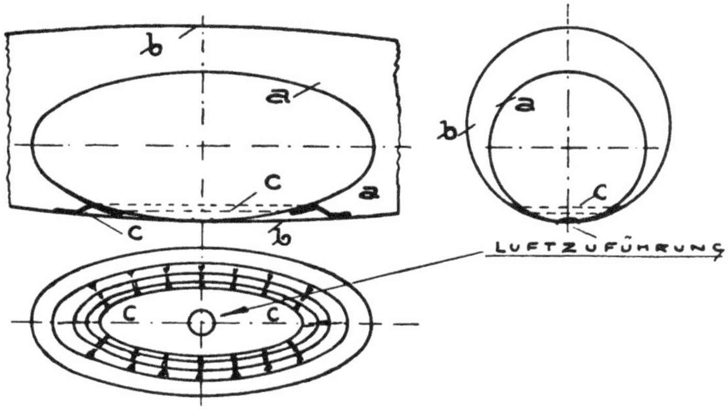

Abb. 62.

die am besten aus doppeltem ungummiertem Hüllenstoff bestehen können, kann nun eine unlösbare (Naht), oder eine lösbare sein. Heute zieht man es aus Gründen der Überwachung

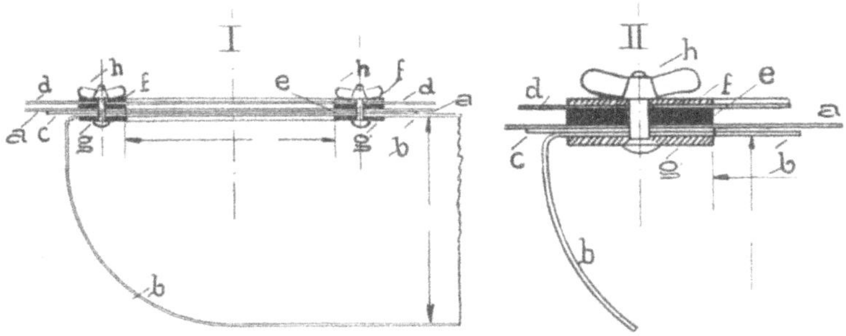

Abb. 63.

und Instandhaltung, sowie wegen der Schonung der Luftsäcke während des Transportes der leeren Hülle mit Recht vor, die Verbindung der Luftsäcke mit der Hülle des Tragkörpers grundsätzlich zu einer leicht lösbaren umzugestalten. Zu diesem Zweck versieht man die Stoffgurte im Abstand von 30—40 cm mit Schlaufen, die man bei der Aufrüstung in der üblichen Weise mit einander verschnürt oder verknebelt. Die durch diese Verschnürung erreichte Verbindung ist eine solide und jeder zu erwartenden Beanspruchung gewachsen.

Auch die an der Luftzufuhrstelle erforderliche Verbindung zwischen Luftsack und Tragkörper ist entsprechend lösbar auszubilden. Zu gleicher Zeit aber muss diese Verbindung auch eine gasdichte sein und die nötige Steifigkeit besitzen, um der Luft jederzeit freien Durchtritt zu gewähren. Aus diesen Gründen wählt man daher am besten eine starre Verbindungsform. In der Abbildung 63 ist gezeigt, wie eine derartige Verbindung etwa auszuführen ist.

Die erste der beiden Abbildungen zeigt die allgemeine Anordnung der gedachten Hüllenverbindung, die zweite stellt einen etwas grösser gezeichneten, senkrechten Mittelschnitt vor. Die Hülle a des Tragkörpers wird an der Durchlochung, deren Durchmesser man vorteilhaft etwas grösser wählt wie die Weite der zuführenden Luftleitung b, mit einem aus starkem Hüllenstoff bestehenden grossen Verstärkungsring c vernäht, der dazu dient, alle etwa auftretenden Kraftäusserungen zwischen den Hüllen und der Luftleitung zu übertragen und den Lochrand zu verstärken. Auf den Verstärkungsring wird die Luftsackhülle d und die Luftleitung b, unter Zwischenschaltung des aus ziemlich weichem Paragummi, in der Dicke von 2—3 mm bestehenden Dichtungsringes e in der gezeichneten Weise festgeschraubt. Der Schraubendruck wird durch die beiden Druckringe f und g, die am besten aus Stahlblech bestehen, aber auch aus Aluminium, Holz u. dgl. gearbeitet sein können, auf den Stoff übertragen und so eine gasdichte und verlässliche Verbindung hergestellt. Die Luftleitung wird zweckmässigerweise an der Verbindungsstelle auch noch mit der Tragkörperhülle vernäht. Zur Ermöglichung einer leichten Lösbarkeit verwendet man zum Anziehen der Schrauben h gelegentlich die etwas schwereren aber bequemen Flügelmuttern. Sämtliche vorstehenden Schrauben- und Ringteile sind sorgfältig abzurunden, zu glätten und mit Stoff zu bekleben. Die bei dieser Anordnung herausnehmbaren Luftsäcke zieht man nach der Lösung ihrer Befestigungen, durch die Öffnungen der Luftzuführungen oder der abgenommenen Luftventile aus dem entleerten Tragkörper heraus, zur Prüfung, zur Ausbesserung, oder um sie, was sehr zu

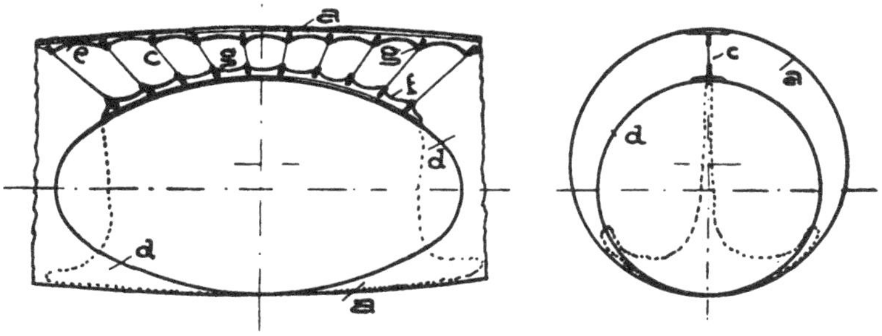

Abb. 64.

empfehlen ist, getrennt von der Tragkörperhülle verpacken und befördern zu können.

Um die Lage der Luftsäcke weiterhin gegen unerwünschte Verlagerungen zu sichern, hängt man sie am Scheitel oder an den Seitenwandungen des Tragkörpers a auf. (Abbildung 64.) Man kann dazu ein Hanfleinensystem c verwenden, mit lösbaren

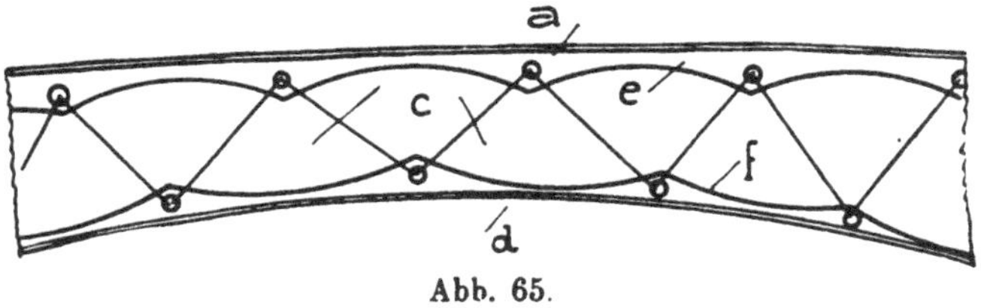

Abb. 65.

Schlaufen und Knebeln, ähnlich wie bei der oben beschriebenen Grundgurtverschnürung. Zur Befestigung der Aufhängung c ist sowohl der Luftsack, wie auch der Tragkörper, wie die Abbildung zeigt, im Scheitel je mit einem Verstärkungsstreifen aus Ballonstoff zu versehen, an den sich ein durchlaufender Kammgurt e bzw. f anschliesst, der die Schlaufen g trägt.

Statt der Schlaufen kann man zur Verschnürung c auch, wie in Abbildung 65 gezeigt, gelochte Kammgurte e und f benützen, durch deren mit Lochkauschen versehene Lochungen ein durchlaufendes Hanfseil gezogen ist. Die Gurte können aus doppeltem Ballonstoff bestehen, der Schlaufenabstand für mittelgrosse Luftsäcke (400—500 Rm. Inhalt) kann zu etwa 1 m angenommen werden.

Weniger empfehlenswert ist es, statt des durchlaufenden Gurtes zur Befestigung der Schlaufen, runde oder länglich geformte Verstärkungsplatten aufzunähen. Die Länge der Leinen ist so zu wählen, dass sie bei gefülltem Luftsack gerade ausgespannt sind. Bei der soeben beschriebenen Verwendung hängender Luftsäcke wird, wenn diese nur klein sind, in den meisten Fällen die oben beschriebene Grundgurtverschnürung überflüssig.

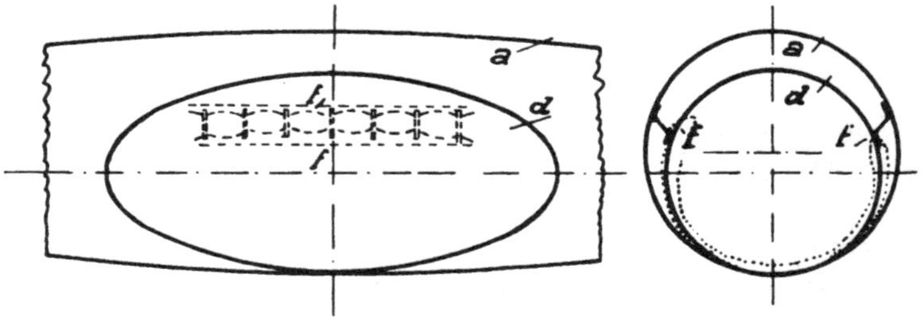

Abb. 66.

Die Luftsäcke hängen in ungefülltem Zustand in der punktiert eingezeichneten Weise, von ihren Leinen getragen, vorhangartig im Tragkörper, aus dem sie nach Lösung der Knebel und der Grundgurtbefestigung leicht zu entfernen sind. Die Hängeleinen erinnern bei oberflächlicher Betrachtung an die bereits geschilderte Aufhängung der Luftsäcke bei der Parsevalschen Ventilzugsvorrichtung.

Ein misslicher Umstand bei der besprochenen Aufhängungsart jedoch ist die durch das Gewicht des gefüllten Luftsackes gelegentlich entstehende, starke Beanspruchung der Tragkörperhülle und zwar gerade an den Stellen, an welchen auch verhältnismässig hohe Hüllenspannungen auftreten. Man kann daher die obere Gurtung, wie in Abbildung 66 gezeigt ist, zweckmässig in zwei Hälften f—f angeordnet, etwas tiefer, also nach den Seitenwänden des Tragkörpers verlegen und bringt sie hier dann etwas über Mittelhöhe an. Die Verschnürung erfolgt auch in diesem Fall in der oben besprochenen Weise. Die entleerte Luftsackhülle muss, worauf besonders zu achten ist, ohne Spannung und muldenartig gefaltet an ihren Traggurten hängen.

Ist der Tragkörper abgeschottet, d. h. ist der Gasraum durch Querwände aus Ballonstoff, sogenannte Schotte, in mehrere Abteilungen eingeteilt, so lassen sich gegebenenfalls auch die Schottwände zur Befestigung der Luftsäcke heranziehen.

In einer der gezeichneten ganz ähnlichen Weise, erfolgt bei der Verwendung herausnehmbarer Luftsäcke auch der Einbau

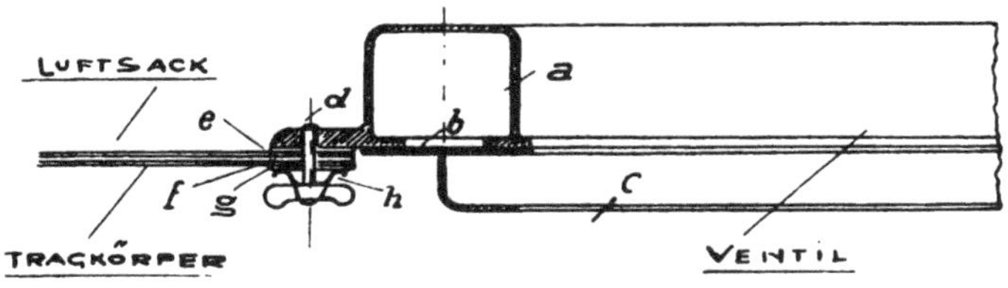

Abb. 67.

der Luftventile, wenn man es vorzieht, diese unmittelbar an den Luftsäcken selbst anzubringen und nicht, wie bei kleineren Schiffen üblich, in der unmittelbar über der Steigleitung befindlichen Zweigstelle, dem T-Stück oder Luftverteilungskasten. Den Einbau als selbständiges Ventil an der Hülle zeigt die Abbildung 67.

Der ringförmige Hohlkasten des Ventilkranzes a mit der Gummimembran b und dem in der Form eines hohlen Tellerventils ausgebildeten Luftventil c, wird durch eine Anzahl von Schraubenbolzen d in der oben bezeichneten Weise, gasdicht und unter Zwischenschaltung der 2—3 mm starken Gummiringe e und f an die Hüllen des Tragkörpers und des Luftsackes angeschlossen. Die Aufpressung kann auch hier wieder erfolgen durch Flügelmuttern, sowie die stählernen Druck- und Federringe g und h.

Was nun die Anzahl der einzubauenden Luftsäcke anbetrifft, so verwendet man, falls keine Luftsteuerung vorgesehen ist, bei ellipsoidaler Form der Luftsäcke für kleinere Schiffe, bis etwa 3500 Rm. Gasinhalt meist nur einen Luftsack von etwa 850—900 Rm. Inhalt und erst bei mittelgrossen und grossen Tragkörpern greift man zu zwei oder mehreren Luftsäcken, die man in entsprechender Weise im Tragkörper verteilt. Bei dieser Anordnung ist zu beachten, dass die Luftsäcke nicht allzuweit vorgeschoben werden in die äussersten Enden des Tragkörpers und, dass sie in aufgeblähtem Zustande den Gasraum nicht unterteilen in gegenseitig voneinander abgeschlossene Teilräume, sondern einen gewissen Spielraum lassen.

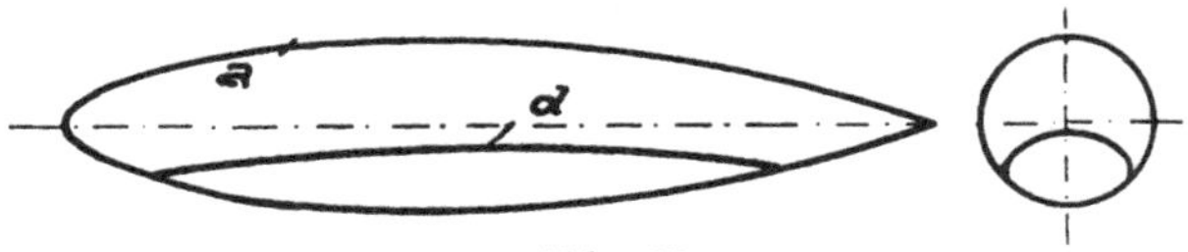

Abb. 68.

Die in den bekannten Bauformen deutscher Herkunft verwandten Luftsäcke sind meist ellipsoidal oder auch zylindrisch-kugelig, während man unter den französischen Bauformen z. B. in der Regel auf langgestreckte, fischförmige Formen stösst. Die ersteren sind, ihrer Gestalt entsprechend, etwas leichter und bequemer in der Anfertigung, müssen jedoch durch eine der oben beschriebenen Befestigungsarten gegen Verlagerung geschützt werden, sind leicht auswechselbar, bedingen aber in gefüllten Zustande eine gewisse einseitige Verteilung in

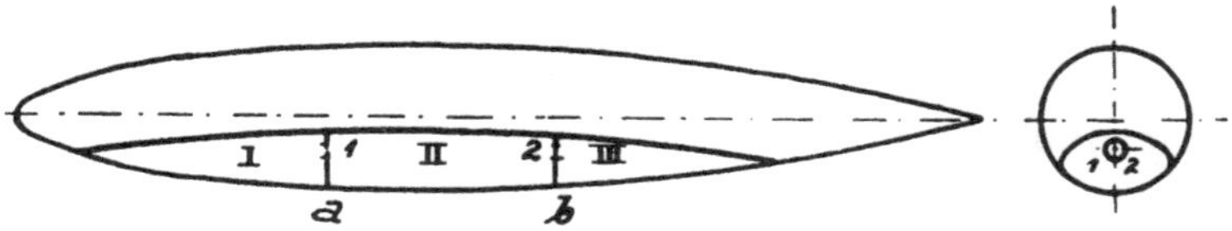

Abb. 69.

der Hubkraft des Gaskörpers. Bei den ellipsoidalen Luftsäcken lässt sich die vollkommene Trennung ihrer Hüllen von denen der Tragkörper in leichter und ungezwungener Weise durchführen, während die fischförmigen Luftsäcke sich hierzu weniger eignen und in der Regel an ihrer Sohle mit der des Tragkörpers verschmolzen werden. (Abbildung 68.)

Grosse fischförmige Luftsäcke werden zur Vermeidung der bei Schräglagen des Tragkörpers leicht eintretenden Gleichgewichtsstörungen ihres Luftinhaltes zweckmässigerweise abgeschottet, wie dies z. B. bei den französischen Langgondelschiffen der Bayard-Clement Bauform durchgeführt ist. (Abbildung 69.)

Durch die Abschottung wird der lange, schmale Luftraum mittelst der Querwände a und b unterteilt in die drei Zellen I, II und III, die aber nicht gänzlich von einander abgeschlossen sind, sondern durch die Wandöffnungen 1 und 2 mit einander in Verbindung stehen, so dass sich die Luft zwischen den Abteilungen in beschränktem Masse hin- und herbewegen kann.

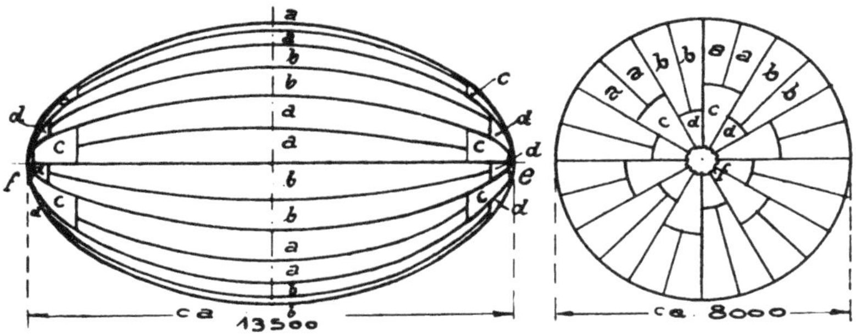

Abb. 70.

Den Zusammenbau einer der besprochenen ellipsoidalen Luftsackhüllen soll das in Abbildung 70 gezeichnete Beispiel erläutern.

Die gezeichnete Hülle ist für einen Gasinhalt von ca. 450 Rm. bemessen, also für ein kleines, oder bei Verwendung von zwei Luftsäcken für ein mittelgrosses Luftschiff (3600 bis 4000 Rm.) bestimmt. Der grösste Durchmesser der ausgeführten Hülle betrug ca. 8 m, ihre Länge ca. 13,5 m. Die Hülle setzte sich, der Abbildung entsprechend, zusammen aus je 12 seitlichen Stoffbahnen der Bezeichnung a bzw. b, aus je 12 Kopfbahnen von der Bezeichnung c bzw. d, also aus insgesamt $4 \times 12 = 48$ Bahnen und den beiden, in diesem Falle sternförmig geschnittenen Endkappen e und f. Sämtliche Stoffbahnen sind gegenseitig um 30 mm überlappt zusammengelegt und durch Doppelnähte verbunden. Die Nähte sind aussen und innen durch Klebstreifen abgedichtet. Der gewählte Stoffzuschnitt erfolgte, wie bereits besprochen, in der gezeichneten Weise aus Gründen der Stoffersparnis. Zwei benachbarte Stoffbahnen lässt man sich nach den Ballonenden zu soweit verjüngen, dass ihre gemeinsame Breite einschliesslich der Nahtüberlappung, der Anfertigungsbreite des Stoffes ungefähr entspricht. Ähnlich verfährt man, wie späterhin noch genauer besprochen wird, auch bei der Anfertigung der grossen Tragkörperhüllen.

Endlich ist hier noch eine, allerdings selten verwandte Anordnung zu erwähnen, mittelst welcher, durch ein an der Luftsackhülle eingebrachtes Ventil die Luft in den Gasraum eintreten kann. Die Einrichtung verfolgt den Zweck, die infolge allzu starken Gasaustrittes unzureichend gewordene Wirkung der Druckhaltungsanlage zu unterstützen, in der Vermeidung

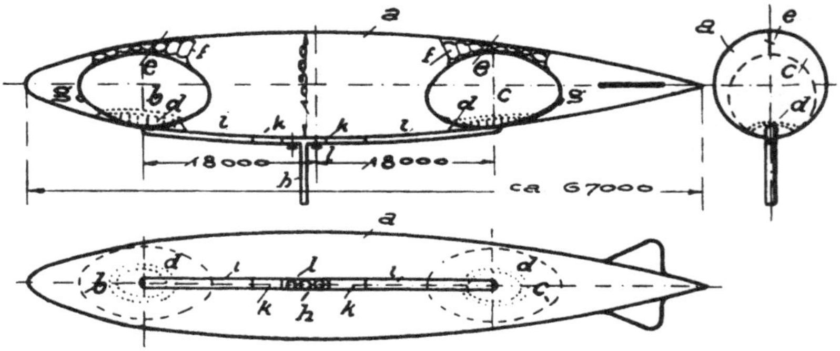

Abb. 71.

weitgehender Formänderungen des Tragkörpers und der damit verbundenen Betriebsunfähigkeit des Fahrzeuges bei der Landung. Das Notventil kann gebaut werden als selbsttätig wirkendes Überdruckventil, das in den Gasraum hinein öffnet oder aber als Zugventil, welches von der Gondel aus zu betätigen ist. Ein grosser praktischer Wert ist dieser, bei einigen ausländischen Bauformen getroffenen Einrichtung nicht zuzuschreiben. Dabei verdirbt die zugesetzte Luft die Gasfüllung, kann zu Knallgasbildungen Anlass geben und verursacht bei geringfügigen Neigungen des Schiffes dadurch, dass sie zum tiefsten Punkt hinflutet, erhebliche Gleichgewichtsstörungen und den Betrieb gefährdende Ausschläge des Tragkörpers in der Längsachse.

In der Abbildung 71 endlich ist der Tragkörper a eines mit Luftsteuerung ausgerüsteten, mittelgrossen Luftschiffes von annähernd 4000 Raummeter Gasinhalt verzeichnet.

Aus der Abbildung geht die Anordnung der beiden Luftsäcke b und c mit ihrer Grundgurtung d—d, den Scheitelgurten e—e, der Hängung f—f und den Füllansätzen g—g deutlich hervor.

b) Die Luftleitungen.

Auch die Anordnung der Luftleitungen h und i—i, zwischen dem Gebläse und den beiden Luftsäcken ist in der obenstehenden Abbildung angedeutet. Die Steigleitung, an derem untersten Teil das Gebläse angeschlossen ist, ist mit h, die unter dem Tragkörper hinlaufenden Zweige der Längsleitung sind mit i—i bezeichnet. Sämtliche Leitungen werden nunmehr allgemein an der Aussenseite des Tragkörpers angeordnet der besseren Überwachung wegen. Die Längsleitungen werden bis auf je ein kleines loses Stück k—k ihrer ganzen Länge nach an die Tragkörperhülle angenäht und so von dieser getragen. Die Steigleitung hängt an dem, zwischen ihr und den beiden Zweigen der Längsleitung eingebauten T-stückartigen Rohrzweig l, dem sogenannten Ventilkasten. Die Luftleitung besteht aus dem für die Hülle verwandten, innen gummierten Ballonstoff. Der Querschnitt der Längsleitung ist bei allen Schiffen mit Lufthöhensteuerung (Ballonetsteuerung) mindestens ebenso gross zu bemessen, wie der der Steigleitung. Die Verbindung der Stoffleitungen mit den starren Rohrteilen, z. B. des Ventilkastens und des Gebläsekastens erfolgt durch das Überstreifen der Stoffleitung über die Kastenstutzen und die Festschnürung des Stoffes mittelst eines zweckmässigen Riemen- oder Bandgurtes. Hierzu eignen sich einfache, elastische, weiche Lederriemen oder starke ziehbare Stoffbänder, mit oder ohne Gummieinlage, bei denen das Anziehen und der Verschluss in der in Abbildung 73 gezeichneten Weise durch 2—3 schmale verschnallbare Lederzungen erfolgt.

Die zum Anschluss dienenden Rohrstutzen werden entsprechend der in Abbildung 72 angedeuteten Weise, entweder mit Hüllenstoff oder mit dünnem Paragummi umkleidet und an den Enden wulstartig aufgetrieben oder umgefalzt, um das Abgleiten des Stoffes zu verhindern und eine möglichst gute

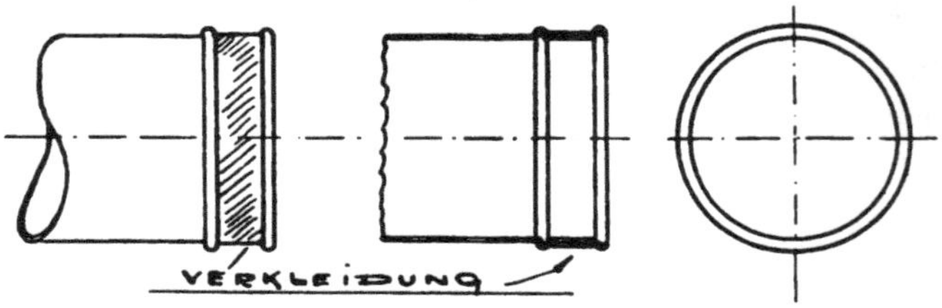

Abb. 72.

Dichtung herbeizuführen. Das vorhin erwähnte lose Rohrstück k—k vermittelt den Übergang vom starren Ventilkasten zur festgenähten Luftleitung und ist von ausgleichender Wirkung hinsichtlich aller etwa auftretenden Zugspannungen, hervorgerufen durch die Dehnungen des Tragkörpers, der Leitungen und

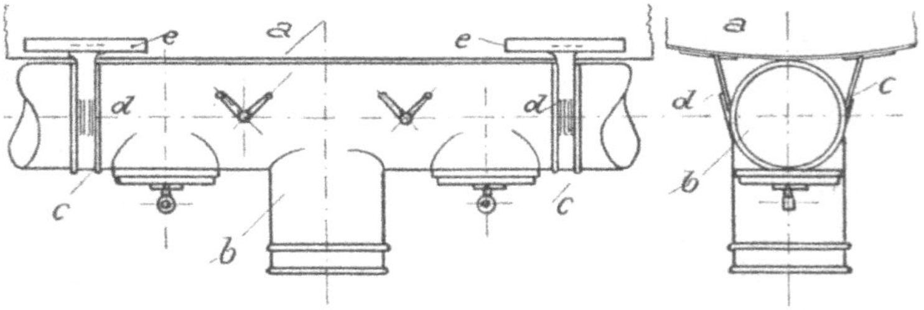

Abb. 73.

der Takelung, unter dem Einflusse des Betriebsdruckes, der Druckschwankungen und der Schwankungen des Gleichgewichtes und der Belastung während des Betriebes, sowie durch die Folgen von Fehlern im Zusammenbau.

Der Ventilkasten wird vom Tragkörper in verschnürbaren Schlaufen oder Gurten getragen, die aus starkem Segeltuch, Gurtstoff, Hanfgurtband, oder aus Leder bestehen können. Eine bewährte Befestigung zeigt die Abbildung 73.

Die Hülle des Tragkörpers ist mit a, der Ventilkasten mit b bezeichnet. Zur Festschnürung dienen die Traggurte c—c, deren Breite, Zahl und Stärke der Grösse des Ventilkastens und der benutzten Stoffart zu entsprechen hat. Die angedeuteten kleinen Lederriemen d—d dienen zum Schliessen und Festschnallen und sind auf die Gurtbänder aufgenäht. Die Gurte werden auf die durch die Verstärkungsplatten e—e, aus doppeltem Hüllenstoff verstärkte Hülle ebenfalls aufgenäht, und die Nähte durch Klebstreifen abgedichtet.

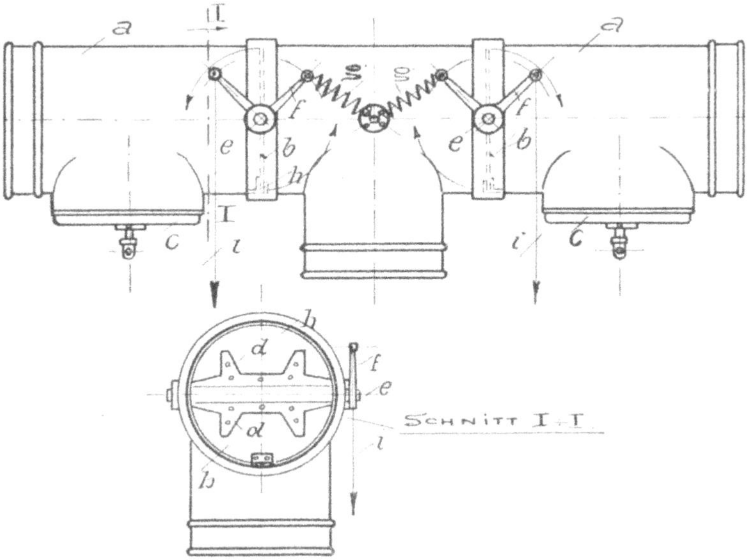

Abb. 74.

Die Ausführungsweise des Ventilkastens endlich ist aus der Abbildung 74 zu entnehmen.

Der abgebildete Ventilkasten ist für kleine Fahrzeuge bis zu etwa 4000 Rm. Gasinhalt bestimmt, die mit Lufthöhensteuerung ausgerüstet sind. Die Kastenwandungen a des T-förmigen Rohrstückes sind der Leichtigkeit wegen aus 1 mm starken Aluminiumblech zusammengebogen und an den Blechrändern durch Verfalzung, oder besser durch Verlötung zusammengeschlossen. In das Rohrstück sind eingebaut die Luftklappen b—b und die Luftventile c—c. Die zur Regelung der Luftbeschickung und zum

Abschluss bestimmten Klappen sind dem Leitungsdurchmesser entsprechend, aus 1,5—3 mm dickem Aluminiumblech gearbeitet und in der Nähe ihrer Drehachsen mit aufgenieteten Stahlblechplatten d—d verstärkt, durch welche die Klappenspindeln e—e gesteckt werden. Die Lagerstellen der Drehspindeln sind in der Rohrwand beiderseitig durch aufgenietete Aluminium- oder Stahlplatten verstärkt und jede der beiden Klappenspindeln trägt ausserhalb des Kastens einen Winkelhebel f—f. An diese Winkelhebel greifen die Zugfedern g—g an und halten für gewöhnlich die Klappen in Schlusstellung. Zur Herbeiführung einer hinreichenden Dichtung sind die Klappen am Rande mit einem 4—5 mm starken Flachgummiring h—h versehen. Dieser legt sich gegen die Rohrwand und verschliesst der Luft den Durchtritt. Für die Klappendichtung genügt ein geringer Federzug. Die Federn müssen so lang gemacht werden, dass sie eine Klappendrehung von ca. 90° zulassen und können, da sie dort besser geschützt sind gegen atmosphärische Einflüsse und der eine Arm des Winkelhebels in Wegfall kommt, naturgemäss auch an die Spindelachse selbst verlegt werden. Die Klappen werden durch die Seilzüge i—i von der Gondel aus betätigt. Sie geben auf Zug den Luftweg frei und ermöglichen auf diese Weise sowohl die Beschickung der Luftsäcke, wie auch ihre Umfüllung zu Zwecken der Höhensteuerung.

Die Anbringung der Luftleitungen (Längsleitungen) erfolgt bei allen Schiffen, denen kein Längsgerüst zur Verfügung steht, also bei den unstarren Kurzgondelschiffen (Parseval), naturgemäss längs der hierfür sehr geeigneten Hüllensohle des Tragkörpers. Aber auch bei den mit Längsgerüst versehenen Langgondelschiffen und bei den Halbstarrschiffen, z. B. denen des preussischen Luftschifferbataillons wird die Luftleitung durchweg in enger Verbindung mit dem Tragkörper, dicht unter diesem durchgeführt, da sie an dieser Stelle am besten geschützt ist und den geringsten Luftwiderstand erzeugt. Beim Siemens-Schuckert-Luftschiff ist sie zweckmässigerweise in dem, unter dem Tragkörper sich hinziehenden Kanal untergebracht, der vom Tragkörper selbst und den als Takelung dienenden Stoffbahnen gebildet wird. Nur bei einem, dem vorläufig noch weniger bekannten österreichischen Mannsbarth-Staglschen Luftschiff befindet sich die Luftleitung in beträchtlicher Entfernung unterhalb des Tragkörpers eingebaut.

c) Die Luftventile.

Diese werden in der Regel sowohl als selbsttätig wirkende, wie auch durch Zugorgane zu betätigende und gegen den inneren Überdruck gefederte Tellerventile eingerichtet. Sie werden mit Rücksicht auf die Raumverhältnisse, insbesondere bei kleinen und mittelgrossen Fahrzeugen zweckmässigerweise im Ventilkasten und zwar in hängender Anordung, d. h. mit dem Ventilteller nach unten angebracht, wie in Abbildung 74 gezeigt. Bei grossen Luftsäcken jedoch ist es oft von Vorteil, die Luftventile statt in der Leitung oder im Ventilkasten, an den Luftsäcken selbst anzubringen.

Der Zweck und die Wirkungsweise der Luftventile wurde bereits kurz gestreift. Sie haben einerseits den Zweck abzublasen, sobald der Luftdruck in der Druckhaltungsanlage den höchst zulässigen Wert überschreitet, andererseits aber müssen sie gezogen werden können, wenn Luft aus dem einen der vorhandenen beiden Luftsäcke ausgelassen werden muss, damit der andere vollgepumpt werden kann. Sie blasen selbsttätig ab, wenn der Tragkörper mit teilweise aufgefüllten Luftsäcken eine gewisse Höhe erreicht und müssen wechselweise gezogen werden zur Einleitung der Höhensteuerung nach abwärts oder aufwärts.

Die entweichende Luft schafft Raum für die unter dem Einflusse des abnehmenden Luftdrucks während des Anstieges oder bei zunehmender Luftwärme sich ausdehnende Gasfüllung des Tragkörpers. Die Ventile sollten daher so gross sein, dass sie die durch den mit normaler Geschwindigkeit erfolgenden Anstieg des Luftschiffes überschüssig werdenden Luftmassen auszustossen vermögen, ohne dass die Gasventile in Tätigkeit treten müssen. Es leuchtet daher ein, dass bei allen Luftventilen der die Dichtung bewirkende Federdruck grundsätzlich so einzustellen ist, dass sie voll abblasen, bevor der Öffnungsdruck der Gasventile erreicht ist. Der Luftdruck in der Druckhaltungsanlage sollte normalerweise daher nie die Höhe der höchst zulässigen Gasspannung, also den Öffnungsdruck der Gasventile erreichen. Wie gross der besprochene Druckabstand zwischen den Öffnungsdrucken der Gasventile und der Luftventile zu greifen ist, hängt ab von der Form, Grösse und Sicherheitsgrad des in Frage stehenden Fahrzeuges. Er darf bei geteilten und weit auseinander liegenden Luftsäcken nicht zu gross genommen werden, da sonst bei starker Schräglage der Längsachse des Tragkörpers, der Gasdruck gegen den oben befindlichen Luftsack durch das nach oben drängende Gas unter Umständen eine solche Steigerung erfährt, dass sein Luftventil unbeabsichtigt abbläst, bzw. nicht mehr gestattet Luft einzupumpen, ein Zusammentreffen, durch welches schon mehrere Havarien verursacht worden sind.

Hat man beispielsweise den Öffnungsdruck der Gasventile auf ca. 30 mm Wassersäulendruck festgelegt, so wird man den Federdruck der Luftventile meist so einzustellen haben, dass sie bei etwa 25—27 mm Wassersäulendruck abblasen. Da bei dem in Abbildung 75 gezeichneten Ventil die Druckfläche für die Luft ungefähr 0,10 qm beträgt, so hat für den besprochenen Öffnungsdruck von 25 mm, da bekanntermassen der Druck von 1 mm gemessen in Wassersäulenhöhe, einem Drucke von 1 kg auf das Quadratmeter entspricht, das Ventil in hängender Lage bei $0{,}1 . 2{,}5 = 2{,}5$ kg Zugbelastung zu öffnen. Der Federzug des Ventils in Schlusstellung beträgt daher $2{,}5 + G_v$ kg, worin G_v das Eigengewicht des beweglichen Ventilteiles vorstellt.

In der Abbildung 75 ist eines der besprochenen Luftventile dargestellt. Der Ventilkörper a ist in einen Stutzen des Rohrkastens eingesetzt und mit dessen Wandung vernietet. Er trägt in bekannter Weise die Spindelführung. In dieser gleitet die durch die Feder b auf ihren, mit dem Gummiring c versehenen Sitz niedergedrückte Spindel d. Diese besteht aus Stahlrohr und ist zum Aufschrauben des aus Aluminium gearbeiteten Ventiltellers e eine Strecke weit mit dem Gewinde f versehen. Der Teller wird durch die Stellmutter g—g in seiner Lage gesichert und gestattet durch seine Einstellung in gewissen

Grenzen eine Regelung der Federspannung. Die Dichtungsfläche des Tellers ist sorgfältig einzuschleifen und der aus weichem Paragummi bestehende Dichtungsring entsprechend zu glätten.

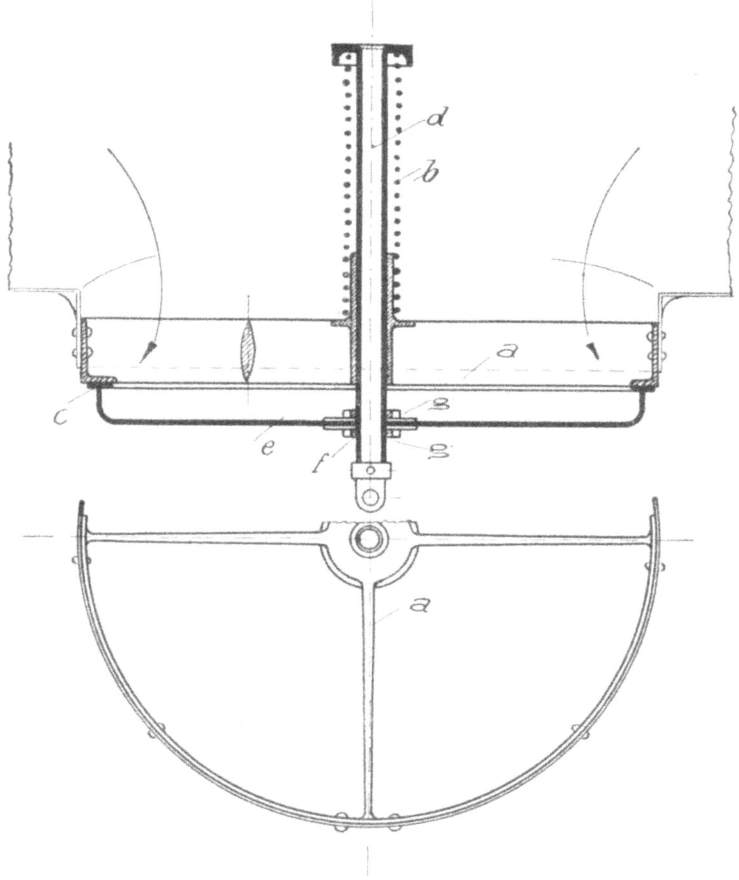

Abb. 75.

Zu dieser Ventilkonstruktion ist gleich jetzt schon zu bemerken, dass alle mit einer der besprochenen ähnlichen Federung versehenen Ventile meist ziemlich unruhig arbeiten, wie späterhin noch zu zeigen sein wird. Sie haben die Neigung, den anfänglich freigegebenen Hub rasch wieder zu verkleinern und den austretenden Luftstrom stossweise zu drosseln, dadurch tanzen sie auf ihren Sitzen. Man verwendet, um diesem Übelstande abzuhelfen, daher auch für die Luftventile am besten die bei gutgebauten Gasventilen übliche Scherenkonstruktion als Ventilführung, mit einer der in der Abbildung 76 schematisch gezeichneten, ähnlichen Anbringungsweise der Federung und erhält auf diese Weise ein ruhig arbeitendes, leicht und weit öffnendes Ventil.

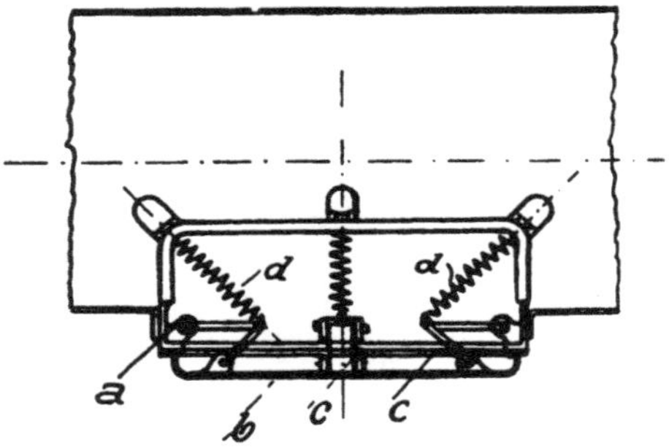

Abb. 76.

Der Ventilkörper a steht mit dem Ventilteller b durch die vier scherenartigen und in ihren Befestigungspunkten sowohl wie auch in der Spitze drehbaren Blechschenkel c—c in Verbindung, so dass der Ventilteller an diesen Scheren auf und ab geführt werden kann. Die Scheren werden in der bezeichneten Weise an ihren Spitzen durch die einstellbaren Federn d—d nach oben gezogen und das Ventil dadurch auf seinen Sitz angepresst. Die genauere Wirkungsweise dieser Federanbringung, die sich ohne weiteres in der verschiedenartigsten Weise ausgestalten lässt, wird mit der Festlegung des erforderlichen Durchtrittes für die Luft bei der Beschreibung der Gasventile noch weiterhin zu besprechen sein.

Bei kleinen Ventilen genügen zur Führung schon zwei oder drei Scheren und die ganze Anordnung wird dann mit einer der in der Abbildung 77 angedeuteten Arten der Federung, die naturgemäss ebenfalls verstellbar sein muss, etwas einfacher und leichter.

Ist nur ein Luftsack vorhanden, so gestaltet sich die Anordnung des Ventilkastens und der Leitung entsprechend einfacher und kann etwa, wie in Abbildung 78 I und II angedeutet, getroffen werden.

Bei langgestrecktem Luftsack lässt man, entsprechend der

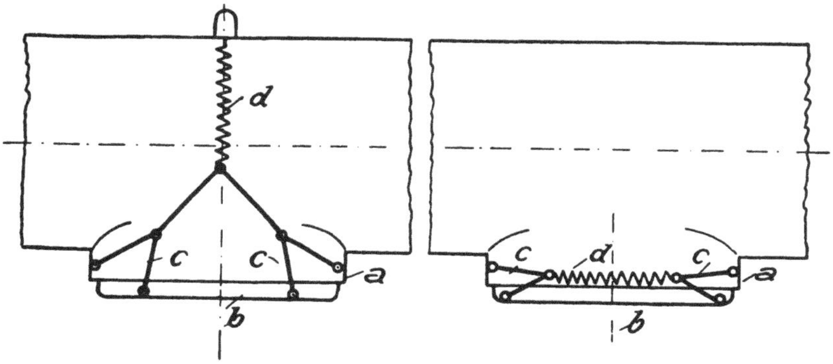

Abb. 77.

Anordnung I. die Luft gelegentlich auf zwei getrennten Leitungszweigen a—a eintreten in den mit b bezeichneten Luftsack. Hierbei behält der Ventilkasten c samt seiner Befestigung am Tragkörper die oben gezeichnete Form bei, dagegen wird er

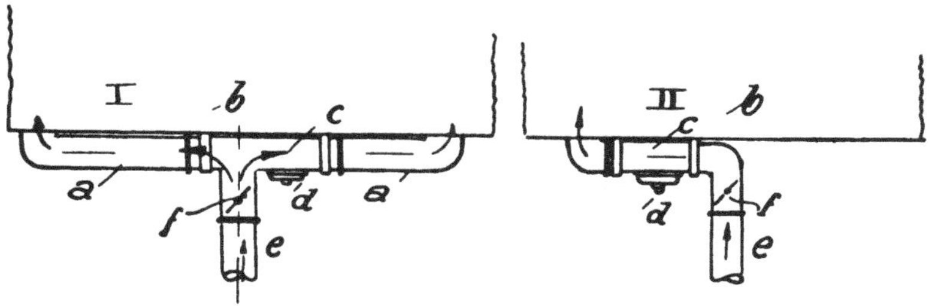

Abb. 78.

meist nur mit einem Luftventil d ausgerüstet, während die an ihm hängende Steigleitung e gegen das Gebläse hin abgeschlossen wird durch eine leicht bewegliche, gegen den rückkehrenden Luftstrom schliessende und durch den Führer zu betätigende Klappe f. Ähnlich ist die unter II skizzierte Anordnung mit nur einer Zuleitung zum Luftsack. Ist dagegen der Tragkörper mit drei Luftsäcken a, a_1 und a_2 ausgestattet und mit zwei Gondeln b und b_1, so ist naturgemäss für jede einzelne der beiden Steigleitungen c und c_1 ein Klappenkasten d und d_1 erforderlich mit je zwei Verschlussklappen, je eine in der Steigleitung und eine zwischen Steigleitung und Luftsack. (Abbildung 79.)

Ferner eine Klappe am mittelsten Luftsack a_1, während die beiden Ventile e und e_1 in die Leitung unterhalb, oder an

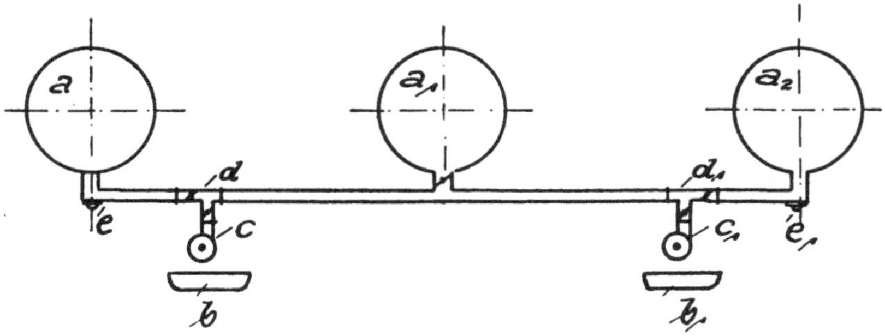

Abb. 79.

den Luftsäcken a und a_2 selbst einzubauen sind. Eine ebenfalls für Druckhaltungsanlagen mit zwei Luftsäcken geeignete Anordnung des Ventilkastens ist in dem von den Höhensteuerungsvorrichtungen (Lufthöhensteuerung) handelnden Abschnitt des nächstfolgenden Bandes beschrieben.

d) Das Gebläse.

Das Gebläse wird zur Ermöglichung einer leichten Zugänglichkeit und Wartung am besten in die Gondel eingebaut und befindet sich dort in der Regel am oberen Gondelgestänge selbst oder am Gestänge des Schraubengerüstes (Propellergerüst) befestigt. Die meisten der heutigen Prall-Luftschiffe zeigen eine solche Anordnung, wie aus den im dritten Teil dieses Werkes eingefügten photographischen Abbildungen hervorgeht. Eine Ausnahme von dieser nahezu allgemein geltenden Bauregel jedoch machen die französischen Luftschiffe der halbstarren Lebaudy-

Julliot Bauform, wie La Liberté, Lieutnant-Selle-de-Beauchamp, Morning-Post u. a. m., bei denen die Gebläse hoch über der Gondel und zwar im untersten Teil des Kielgerüstes, also in der Nähe des Tragkörpers angeordnet sind. Man erspart bei dieser Anordnung den Luftschlauch zwischen der Gondel und dem Tragkörper, hat aber beim Versagen des Gebläseantriebes mit einer durch dessen schwere Zugänglichkeit bedingten grösseren Möglichkeit zu Havarien zu rechnen. Der Antrieb der beiden Gebläse, von denen das eine im Betrieb, das andere in Bereitschaft gehalten wird, erfolgt von der Motorwelle aus durch je ein Doppelkegelradgetriebe mit biegsamer Welle. Zum Gebläse hinauf führt eine ziemlich lange Strickleiter und die unverhältnismässig lange Triebwelle.

Auch bei den Militärluftschiffen M I und M II der alten Bauart befand sich das Gebläse nicht in direkter und starrer Verbindung mit der Gondel, sondern war hoch über derselben in der Gerüstkonstruktion, also mehr in der Nähe des Tragkörpers untergebracht.

Von grundsätzlicher Bedeutung ist auch der Umstand, wo und in welcher Richtung zur Fahrrichtung man das Gebläse am besten einbaut. Naturgemäss ist das Gebläse so zu legen, dass die Luft ungehindert an die Eintrittsöffnung herantreten kann, während die zur Fahrrichtung zu wählende Orientierung sich in der Regel aus der Beschaffenheit des antreibenden Maschinenteils und aus der Lage der Motorwelle ergibt, wenn nicht, wie beim Siemens-Schuckertschiff der Fall, der Antrieb durch einen Hilfsmotor erfolgt. Liegt die Hauptmotorwelle, wie meistens üblich, gondellängs d. h. parallel zur Fahrrichtung und erfolgt der Gebläseantrieb durch eine Seil- oder Kettenübertragung, so findet man das Gebläse meist quer zur Fahrrichtung eingebaut, mit einer der beiden Einzugsöffnungen nach vorne gerichtet und deswegen in einer für die Luftförderung ziemlich günstigen Lage. Bei dieser Anordnungsart ist der zum Betriebe erforderliche Kraftbedarf meist etwas geringer, dagegen der Luftwiderstand des Kastens etwas grösser wie bei der zu dieser Richtung um 90° gedrehten Anordnung mit zweiseitigem Lufteintritt. Die Gesamtanordnung des Gebläses und der Luftleitungen ist aus den bereits erwähnten photographischen Abbildungen zu ersehen.

Was den Antrieb für das Gebläse betrifft, so ist er in leicht übersichtlicher und geschützter Weise so anzuordnen, dass es jederzeit und durch jeden Motor der Maschinenanlage betrieben werden kann. Sind daher mehrere Betriebsmotore vorhanden, so ist der Gebläseantrieb abzuzweigen von der direkt auf die Schrauben arbeitenden Triebwelle (Seilwelle, Kettenrad-

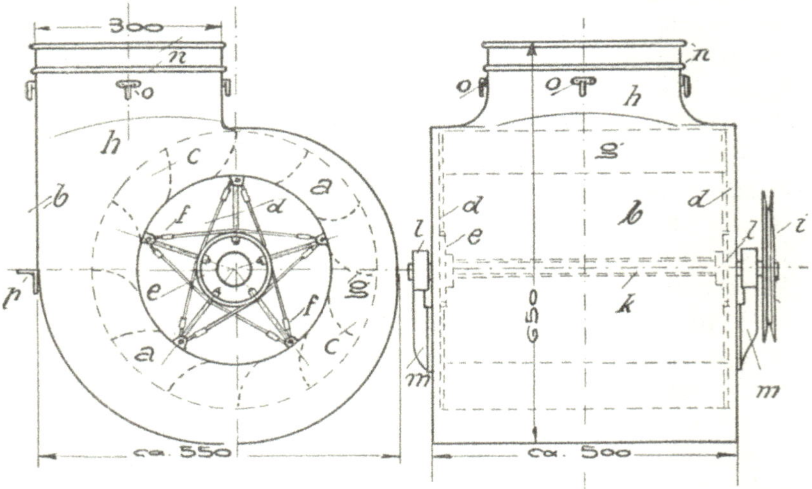

Abb. 80.

oder Kegelradwelle) und muss, wenn zwei oder mehrere Triebwellen vorhanden sind, von jeder dieser Wellen aus betrieben werden können. Zur zeitweiligen Ausserbetriebsetzung, oder zum Umschalten auf eine andere Welle ist eine Kupplung (Reibungs- oder Zahnkupplung) einzulegen. Die konstruktive Ausgestaltung dieser Maschinenteile findet sich in dem die Maschinenanlage behandelnden Abschnitt genauer dargelegt.

Abbildung 80 zeigt die Gebläsevorrichtung für ein kleines bis mittelgrosses Luftschiff (ca. 4000 Rm.) und besitzt eine sekundliche Förderleistung von etwas mehr wie 1 Raummeter, zu einer Pressung von ca. 25 mm, Wassersäule bei 1400 Umdrehungen pro Minute.

Das Schaufelrad a läuft in einem aus Aluminiumblech gearbeiteten Gebläsekasten b. Der Radkranz c ist durch die beiden sternförmigen Speichensysteme d—d gegen die Radnaben e—e versteift. Diese Speichensysteme bestehen aus 3 mm dicken Stahldrähten, die mit den scheibenartig geformten Radnaben verschraubt und an der Kranzseite durch die Spannschlösser f—f nachstellbar und verspannt sind. Der Radkranz besteht aus Aluminiumguss und trägt 12 gekrümmte Schaufeln g—g aus Aluminiumblech, gleichmässig verteilt auf den Umfang. Diese Schaufeln erfassen in der bekannten Weise die vor ihnen lagernden Luftmassen und treiben sie bei der Drehung des Rades unter dem Einflusse der Schleuderkraft (Zentrifugalkraft) in die Luftleitung bei h, während durch die beiderseitigen Einzugsöffnungen des Kastens stets neue Luft ins Schleuderrad eintritt. Der Antrieb erfolgt durch die Seilscheibe i, welche auf der Hohlwelle k mittelst Durchschraubung befestigt ist. Die Welle läuft in den Kugellagern l—l der abnehmbaren und aus Aluminiumguss hergestellten Lagerböcke m—m. Zur Befestigung der Steigleitung ist der Gebläsekasten an seinem oberen Ende mit zwei Wülsten n—n und etwas tiefer mit 12 gleichmässig über den Umfang verteilten Greifhaken o—o versehen. An den Seiten endlich sind zur Befestigung des Kastens am Gestänge die Aluminiumwinkel p—p vorgesehen. Einige der Hauptabmessungen der ganzen Vorrichtung sind zur Orientierung über die Grössenverhältnisse in die Zeichnung eingetragen worden.

Auf die, für die Projektierung und Konstruktion der bis jetzt besprochenen Einzelteile der Druckhaltungsanlage so wichtigen Gewichtsangaben über Luftsäcke, Leitungen, Ventilkasten mit Gebläse wird, im Zusammenhang mit der Gesamtanlage des Fahrzeuges späterhin noch zurückzukommen sein.